ISW Forschung und Praxis

Berichte aus dem Institut für Steuerungstechnik
der Werkzeugmaschinen und Fertigungseinrichtungen
der Universität Stuttgart

Herausgeber: Prof. Dr.-Ing. G. Pritschow

Band 61

Holger Möller

Integrierte Überwachungs- und Diagnosesysteme für numerische Steuerungen

Springer-Verlag Berlin Heidelberg GmbH 1986

D 93

Mit 53 Abbildungen

ISBN 978-3-540-16704-4 ISBN 978-3-662-07949-2 (eBook)
DOI 10.1007/978-3-662-07949-2

2362/3020-543210

Geleitwort des Herausgebers

In der Reihe „ISW Forschung und Praxis" wird fortlaufend über Forschungsergebnisse des Instituts für Steuerungstechnik der Werkzeugmaschinen und Fertigungseinrichtungen der Universität Stuttgart (ISW) berichtet, das sich in vielfältiger Form mit der Weiterentwicklung des Systems Werkzeugmaschine und anderer Fertigungseinrichtungen beschäftigt. Die Arbeiten dieses Instituts konzentrieren sich im besonderen auf die Bereiche Numerische Steuerungen, Prozeßrechnereinsatz in der Fertigung, Industrierobotertechnik sowie Meß-, Regel- und Antriebssysteme, also auf die aktuellsten Bereiche, der Fertigungstechnik. Dabei stehen Grundlagenforschung und anwenderorientierte Entwicklung in einem stetigen Austausch, wodurch ein ständiger Technologietransfer zur Praxis sichergestellt wird.

Die Buchreihe erscheint in zwangloser Folge und stützt sich auf Berichte über abgeschlossene Forschungsarbeiten und Dissertationen. Sie soll dem Ingenieur bei der Weiterbildung dienen und ihm Hilfestellungen zur Lösung spezifischer Probleme geben. Für den Studierenden bietet sie eine Möglichkeit zur Wissensvertiefung. Sie bleibt damit unter erweitertem Namen und neuer Herausgeberschaft unverändert in der bewährten Konzeption, die ihr der Gründer des ISW, der leider allzu früh verstorbene Prof. Dr.-Ing. G. Stute, im Jahre 1972 gegeben hat.

Der Herausgeber dankt der Druckerei für die drucktechnische Betreuung und dem Springer Verlag für Aufnahme der Reihe in sein Lieferprogramm.

G. Pritschow

Vorwort

Die vorliegende Arbeit entstand während meiner Tätigkeit als wissenschaftlicher Mitarbeiter am Institut für Steuerungstechnik der Werkzeugmaschinen und Fertigungseinrichtungen der Universität Stuttgart.

Dem Institutsleiter, Herrn Professor Dr.-Ing. G. Pritschow, gilt mein besonderer Dank für das Interesse an der Arbeit und seine Unterstützung, die zu ihrem Gelingen wesentlich beigetragen haben. Herrn Professor Dr.-Ing. A. Storr, unter dessen kommissarischer Institutsleitung ich die Arbeit beginnen konnte, gilt ebenso mein Dank für seine Ratschläge und die intensive Durchsicht der Arbeit.

Herrn Professor Dr.-Ing. M. Weck danke ich für seine Bereitschaft zur Übernahme und das schnelle Anfertigen des Mitberichtes.

Darüber hinaus möchte ich mich bei allen Mitarbeitern des Instituts bedanken, die durch kritische Hinweise und Diskussionen wertvolle Anregungen zu meiner Arbeit geliefert haben.

Holger Möller

Inhaltsverzeichnis

Abkürzungen und Begriffe

BSEA	Bedien- und Steuerdatenein-/ausgabe
BF	Beauftragbare Funktion
CNC	numerische Steuerung auf Rechnerbasis (computerized numerical control)
EF	Einzelfunktion
EPROM	Erasable Programmable Read Only Memory
FB	Funktionsblock
FBDE	Funktionsblockdiagnoseeinheit
FIFO	first in - first out (Speicher)
GEO	Geometriedatenverarbeitung
MPST	Mehrprozessor- Steuersystem
NC	numerische Steuerung allgemein
NCVA	NC-Datenverwaltung und -aufbereitung
SB	Steuerblock
SPS	speicherprogrammierbare Steuerung
Task	als paralleler Rechenprozeß abspaltbare Aufgabe eines Rechners
TLN	Rechnermodul
TTL	Transistor-Transistor-Logik
ZDE	zentrale Diagnoseeinheit
ZST	Zentralsteuerwerk

Formelzeichen

d^+	Ausgangsgrad eines Knotens
D	Diagnostizierbarkeit
E	Knoten eines Graphen
F	Fehler (allgemein)
g	Gewichtsfaktor
G	Graph
i,j,k	Zählvariable
H	Informationsgehalt
K_v	Geschwindigkeitsverstärkung
M	Adreßbuchstabe eines NC-Satzes (Zusatzfunktion)
m,n	Zählvariable
P_i	Wahrscheinlichkeit, daß Test i keinen Fehler entdeckt
Q_i	Wahrscheinlichkeit, daß Test i einen Fehler entdeckt
S	Adreßbuchstabe eines NC-Satzes (Spindeldrehzahl)
T	1. Zeit allgemein 2. Adreßbuchstabe eines NC-Satzes (Werkzeug)
u,v,w	Zählvariable
U_a	Signale von Wegmeßsystemen
V	Kante eines Graphen (Verbindung)
v_B	Bahngeschwindigkeit
w	Gewichtsfaktor
x_i	Zustand der Einheit i
Z	Zusammenhangsgrad eines Graphen
z_i	Matrixzeile i
$\subseteq$	Teilmenge
$\times$	Produktmenge
$\prod$	Boolesches Produkt

1 Einleitung

Die wachsende Komplexität von Fertigungseinrichtungen und -systemen mit integrierten Handhabungs- und Meßvorrichtungen und daraus resultierend die Verkettung von Fertigungseinrichtungen, stellen immer neue Anforderungen an die Steuerungstechnik. Aufgrund der Entwicklung in der Halbleitertechnik ist es möglich geworden, Steuerungen für Fertigungseinrichtungen zu entwickeln, die den neuen und erweiterten funktionalen Erfordernissen gerecht werden. Damit verbunden wird bei der Automatisierung von Fertigungsanlagen die Steigerung der Produktivität gefordert. Das setzt einen hohen Nutzungsgrad der Anlagen voraus. Die Grundlage hierfür ist eine hohe Verfügbarkeit der Einzelkomponenten. Sie kann durch hohe Zuverlässigkeit der Einzelkomponenten des Systems oder durch schnelle Fehlererkennung und Fehlerbehebung erreicht werden.

Unter dem Gesichtspunkt des zunehmenden Betriebes automatisierter Fertigungseinrichtungen in stark personalverdünnten oder bedienerfreien Schichten gewinnt die Schadensverhütung durch auftretende Fehler und die Begrenzung von Fehlerauswirkungen in verketteten Systemen an Bedeutung /1,2/. Für den in der Arbeit betrachteten Bereich der numerischen Steuerung (CNC) ist auch die zunehmende Verwendung von Steuerungsfunktionen zur Qualitätssicherung (z.B. Vermessen des Werkstückes im Arbeitsraum der Maschine) und Überwachung wichtig /3,4/. In modernen Fertigungseinrichtungen werden deshalb an die Steuergeräte besondere Anforderungen bezüglich Fehlerfreiheit und Verfügbarkeit gestellt werden müssen.

Dem Wunsch, die Stillstandszeiten einer Anlage aufgrund von Wartungsarbeiten und Reparaturarbeiten oder beim Einfahren neuer Systeme gering zu halten, steht die Komplexität moderner Steuerungssysteme entgegen. Bisher ist in diesen Fällen deshalb der Einsatz von Spezialisten des Steuerungsherstellers erforderlich. Ein Grundproblem ist hierbei, zunächst einmal festzustellen, in welchem Teil der Anlage ein Fehler aufgetreten ist und in wessen Zuständigkeitsbereich der Fehler fällt, um Fehleinsätze zu vermeiden. Es muß aber das Ziel sein, die

Anlagen mit dem Personal des Maschinenanwenders warten zu können, damit die Betriebsbereitschaft schnell wieder hergestellt werden kann /5, 22/.

Die Verkettung von Maschinen verlangt künftig eine höhere Flexibilität der CNC, die z.B. durch einen Aufbau nach dem Baukastenprinzip /6/ erreicht werden kann. Insbesonders für solche "konfigurierbaren" Steuerungen, die vom Maschinenhersteller an seine Bedürfnisse angepaßt werden können, sind integrierbare Diagnosesysteme notwendig, da der Maschinenhersteller hier mit dem Problem des Testens von Steuerungsprogrammen konfrontiert wird und auch die Produktverantwortung für die von ihm angepaßte Software übernehmen muß. Darüberhinaus führt die Konfigurierbarkeit zu einem unvertretbar hohen Wartungsaufwand, wenn die damit mögliche Vielzahl von Varianten nur von Spezialisten des Steuerungsherstellers gewartet werden kann.

Im Rahmen der Arbeit sollen Möglichkeiten aufgezeigt werden, die zur Erhöhung der Verfügbarkeit aufgrund kurzer Instandsetzungszeiten durch den Einsatz eines Fehlerdiagnosesystems beitragen. Seine Aufgabe ist das Verkürzen der Inbetriebnahmephase, speziell bei konfigurierbaren Steuerungen, die schnelle Fehlererkennung, das Verhindern von Schäden und die Bereitstellung von Informationen zur zeitoptimalen Reparatur. Da die hier betrachteten numerischen Steuerungen heute einen oder mehrere Mikrorechner enthalten, ist durch Nutzung dieser vorhandenen Intelligenz die Implementation eines Diagnosesystems direkt in der CNC möglich (integriertes Diagnosesystem). Die Fehlerdiagnose kann dann von der CNC selbst ausgeführt werden, wodurch aufwendige separate Prüfgeräte entfallen können. Zum Entwurf von Verfahren für den Aufbau solcher integrierter Diagnosesysteme soll ein Beitrag geleistet werden.

2 Aufgaben eines Überwachungs- und Diagnosesystems in der numerischen Steuerung

2.1 Begriffe

Der Begriff Fehlerdiagnose wird einmal als Überbegriff für Fehlererkennung und Fehlerlokalisierung verwendet /9, 10/, andere Definitionen verstehen unter Fehlerdiagnose nur die reine Fehlerlokalisierung /11/. Die Anzeige von wichtigen Signalen, die Rückschlüsse auf eventuelle Fehler ermöglichen, wird ebenfalls als Fehlerdiagnose bezeichnet /12/. In dieser Arbeit soll unter einem Fehlerdiagnosesystem für eine CNC eine Einrichtung verstanden werden, die aus der Fehlererkennung durch ein Überwachungssystem gezielt eine Lokalisierung und auch eine Bewertung der lokalisierten Fehler vornimmt.

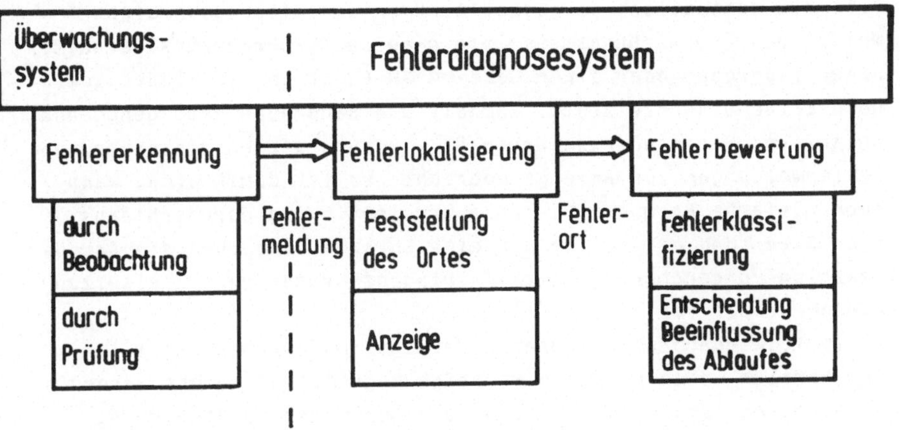

Bild 2.1: Bestandteile eines Fehlerdiagnosesystems

Die Lokalisierung dient zur Ermittlung des Fehlerortes woraus eine Bewertung nach der Fehlerklasse (z.B. gefährliche/ungefährliche Fehler) erfolgen kann. Die eigentliche Fehlerursache (z.B. durchlegierter Transistor infolge einer kurzzeitigen Überbeanspruchung auf der Versorgungsleitung) läßt sich i.a. nur mittels

Protokollierung des Fehlers und der Randbedingungen mit anschließender Auswertung durch das Wartungspersonal finden.

Überwachungssysteme stellen einen nicht ordnungsgemäßen Zustand der Anlage oder eines Teiles davon fest (Anlage ist "gestört"). Diagnosesysteme lokalisieren den Ort und treffen eine Entscheidung aufgrund der daraus ermittelten Fehlerart, d.h. sie bewerten Fehler. Der einfachste Fall einer Diagnose besteht darin, die Fehlermeldung in irgend einer Form direkt zur Anzeige zu bringen oder steuerungsintern zu speichern. Eventuell notwendige Maßnahmen zur Verhinderung von Auswirkungen eines erkannten Fehlerfalles d.h. die Bewertung, müssen dann vom Bediener eingeleitet werden. Neben diesem passiven Verhalten ist auch eine direkte Beeinflussung, z.B. des Bearbeitungsablaufes, durch das Diagnosesystem denkbar, wenn der erkannte und lokalisierte Fehler aufgrund seiner Auswirkungen dies sinnvoll erscheinen läßt.

Der Unterschied zwischen Überwachungs- und Diagnosesytem ist im Bild 2.2 schematisch dargestellt. Über die Störungsanzeige F^* meldet das Überwachungssytem ein nicht aufgabengemäßes Verhalten einer Baugruppe oder einer bestimmten Funktion. Es findet somit noch keine Diagnose statt. Enthält die Baugruppe eine genügende Anzahl von Einzelüberwachungen $Ü_1 ... Ü_N$ und werden die erzeugten Fehlermeldungen zur Anzeige gebracht, so ist damit eine, wenn auch einfache Form der Diagnose erreicht. Wird darüberhinaus eine Bewertung der Fehler und eine Entscheidung über die Art der Reaktion vorgenommen, liegt ein Diagnosesystem nach Zielsetzung dieser Arbeit vor.

Im folgenden sollen zunächst einige im Zusammenhang mit dem Bereich Fehlerdiagnose wichtige Begriffe erläutert werden. Unter einem Fehler wird in /13/ die "unzulässige Abweichung eines Merkmales" verstanden. Eine ähnliche allgemeine Formulierung findet sich in /14/. Dort ist ein Fehler als "Nichterfüllung vorgegebener Forderungen durch einen Merkmalswert" definiert. Für die Steuerungstechnik wird in /16/ der Fehler einer Steuerung so definiert: "Funktionelle Auswirkung beliebiger Ursachen, die zu einem nicht aufgabengemäßen Verhalten der Steuerung führen". Der Schwerpunkt dieser Definition liegt auf der funktionellen Auswirkung eines Fehlers. Ein Ziel der automati-

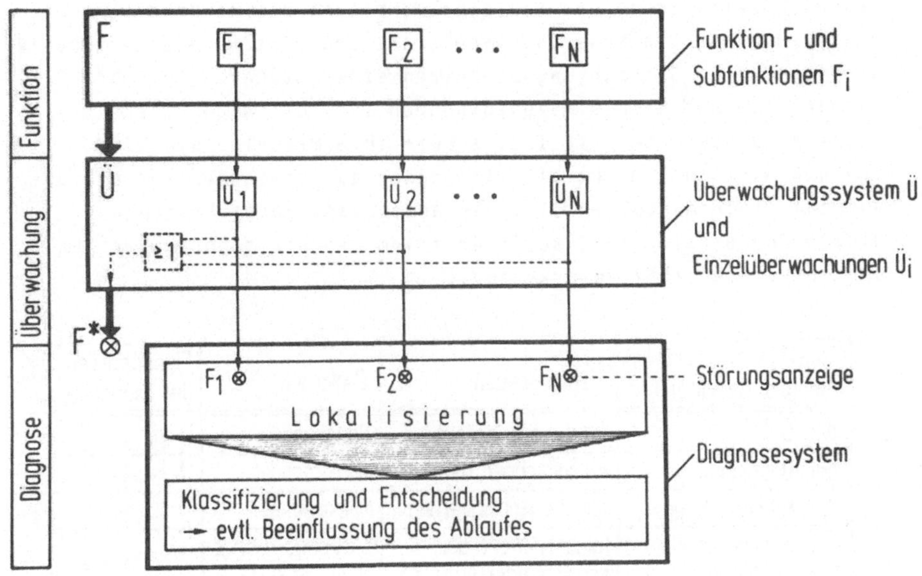

Bild 2.2: Unterscheidung von Überwachungs- und Diagnosesystem

schen Fehlerdiagnose ist es, die Auswirkungen eines Fehlers auf das System durch Erkennung von Fehlerort und -art, Einleiten von Reaktionen nach der Bewertung desselben und der Bereitstellung von Informationen zur schnellen Behebung, zu begrenzen. Aus diesem Grunde wird der Begriff Fehler im Sinne der Definition nach /16/ verwendet, d.h. Fehler in bezug auf Funktion oder Ergebnis.

Der Begriff Fehler im obigen Sinne muß im Zusammenhang mit einer Betrachtungsebene gesehen werden (Bild 2.3). Das nicht aufgabengemäße Verhalten einer Baugruppe (Fehler) ist die Ursache für ein fehlerhaftes Verhalten der Steuerung, d.h. ein Defekt in einer niederen Betrachtungsebene ist die Ursache für einen Fehler der höheren Betrachtungsebene. Somit erfüllt die Erkenntnis, daß eine übergeordnete Betrachtungseinheit fehlerhaft arbeitet, noch nicht den Anspruch einer Diagnoseaussage. Erst die Überwachung der einzelnen beteiligten Funktionsgruppen und der damit möglichen Lokalisierung des Fehlerortes bildet die notwendige Voraussetzung zur Diagnose über Fehlerort und -art. Diese Systematik kann über alle Betrachtungseinheiten einer Steuerung geführt werden, wie aus Bild 2.3 zu entnehmen ist. Die eigentliche Ursache eines Defektes ist i.a. schwer zu ermitteln. Sie wird deshalb hier auch nicht als Ziel einer automatischen sondern als Aufgabe einer manuellen Diagnose angesehen. Fortschritte auf diesem Gebiet sind in Zukunft erst vom Einsatz sogenannter "Expertensysteme" /55/ zu erwarten.

	Fehler (nicht aufgabenmäßiges Verhalten)	Fehlerursache	Fehlerort	Einsatzstufen der Diagnose
Betrachtungsebenen	der CNC	Baugruppe defekt	Baugruppe	
	der Baugruppe	Mikrorechner defekt	Mikrorechner	
	des Mikrorechners	falsche Adressierung	Mikrorechner	
	durch falsche Adressierung	falscher Wert der Adreßsignale A0 u. A1	Adreßbus u. angeschlossene Bauelemente	
	durch falschen Wert der Adreßsignale A0 u. A1	Metallspan zwischen Anschlußstiften von Mikroprozessor → Kurzschluß	Mikroprozessoranschluß Nr. 1 und 0	

Bild 2.3 : Fehlerursachen und Betrachtungsebenen

Fehler können durch Beobachten oder Prüfen erkannt werden. (Bild 2.1). Zur Beobachtung werden die Signale verschiedener Meßpunkte, die Rückschlüsse auf die Funktionsfähigkeit des Systems erlauben, erfaßt und ausgewertet, ohne daß die Arbeitsweise des Systems dabei beeinflußt wird. Sie eignet sich deshalb besonders für eine Anwendung im Betriebsfall (on-line). Unter dem Begriff Prüfung werden in /13/ ganz allgemein "Maßnahmen zur

Feststellung und Beurteilung des Istzustandes einer Betrachtungseinheit" verstanden. Wesentlich bei einer Prüfung ist, daß die zu diagnostizierende Betrachtungseinheit mit speziellen Prüfsignalen versorgt wird, deren Auswirkungen aufgrund eines Vergleiches mit einem fehlerfreien Referenzobjekt Rückschlüsse auf eventuelle Fehler zulassen. Eine Prüfung wird meist nicht einen gleichzeitigen ungestörten Betriebszustand zulassen, sondern sie wird während der Stillstandszeiten, z.B. während der Wartung, durchgeführt werden (off-line). Das Ziel einer Prüfung kann das Erfassen der Verteilung eines Merkmales sein ('messende Prüfung' /15/) oder der Nachweis, ob ein Merkmal innerhalb eines Toleranzbereiches liegt ("attributive Prüfung" /15/). Zur Unterscheidung wird dafür der im Themenkreis Software übliche Begriff Test benutzt. Das Ergebnis eines Tests ist entweder die Aussage "Test bestanden" oder "nicht bestanden". Das Ergebnis "Test nicht bestanden" zeigt im Überwachungsfall einen Fehler an. Die Art des Fehlers läßt sich i.a. aus einer attributiven Bewertung nicht diagnostizieren. Zur Diagnose nutzt man die Ergebnisse mehrer Tests und bewertet diese in Form von Testmustern. Jeder Fehler erzeugt ein spezifisches Testmuster, so daß durch Analogieschluß auf den Fehlerort geschlossen werden kann.

Wie schon erwähnt, liegt die Bedeutung der Diagnosetechnik in der Möglichkeit die Vefügbarkeit eines Systems zu erhöhen. Darüberhinaus können durch Fehlerdiagnose auch sicherheitserhöhende Maßnahmen erreicht werden. Sicherheit wird im technischen Sprachgebrauch mit einem Freisein von Gefährdung gleichgesetzt. Für die Steuerungstechnik steht die Sicherheit von Mensch und Maschine im Vordergrund, d.h. bei einem System aus Werkzeugmaschine und numerischer Steuerung das Zusammenwirken von Steuerungshardware, Software, Mechanik und Mensch. In diesem Zusammenhang unterscheidet man zwischen Funktionssicherung /19/ und Gefahrensicherung zur Vermeidung von Schaden an Leib und Leben. Im letzten Fall müssen die Systeme beim Auftreten von Ausfällen sogenanntes fail-safe Verhalten besitzen, d.h. in einen gesicherten Zustand gehen. Für Steuerungen von Prozessen, bei denen Menschen durch Fehlfunktionen unmittelbar gefährdet werden können, sind Richtlinien vorhanden, die die Vorgehensweise zum Nachweis einer für den jeweiligen Anwendungsfall gesicherten Funktion festlegen /13, 20/.

Die Bedeutung der Fehlerdiagnose als sicherheitserhöhende Maßnahme ist darin zu sehen, daß aufgetretene Fehler schnell beseitigt werden können und damit die Gefahr von Mehrfachfehlern durch weitere Fehler verringert wird bzw. ein Diagnosesystem aufgrund eines erkannten Fehlers sofort eine gefährdungsvermeidende Strategie einleiten kann.

2.2 Diagnosebereiche

Bei einem System aus Werkzeugmaschine und zugehöriger Steuerung kann man zwischen einem Bereich steuerungsinterner und einem Bereich steuerungsexterner Fehler unterscheiden /26/. In dieser Arbeit sollen Methoden und Strukturen aufgezeigt werden, die den Aufbau von Diagnosesystemen für den Bereich der steuerungsinternen Fehler ermöglichen. Bei einer Gliederung nach Baugruppen gehört dazu der CNC-Kern, worunter der oder die Rechner mit Software und zugehöriger Schnittstellenbaugruppen zu verstehen sind, die Bedientafel, die Stromversorgung und die speicherprogrammierbare Steuerung (SPS). Im Bild 2.4 sind neben den Baugruppen die Schnittstellen der CNC bzw. des Bereichs der Diagnose interner Fehler zur Umwelt dargestellt.

Während die SPS früher ausschließlich ein separates Gerät war, wird sie heute zunehmend in die Steuerung integriert /23, 25/. Der CNC-Kern, die SPS und oft auch die Stromversorgung befinden sich dann in einem einzigen Gehäuse. Für die Belange dieser Arbeit kann die SPS trotzdem als eigenständiges Gerät betrachtet werden, das über die Schnittstelle S4 (Bild 2.4) mit der CNC verbunden ist.

Der Bereich steuerungsexterner Fehler läßt sich nach /26/ untergliedern in:

a) Einrichtungen zum Ausführen numerisch gesteuerter Bewegungen,
b) Einrichtungen zum Ausführen von Schaltfunktionen,

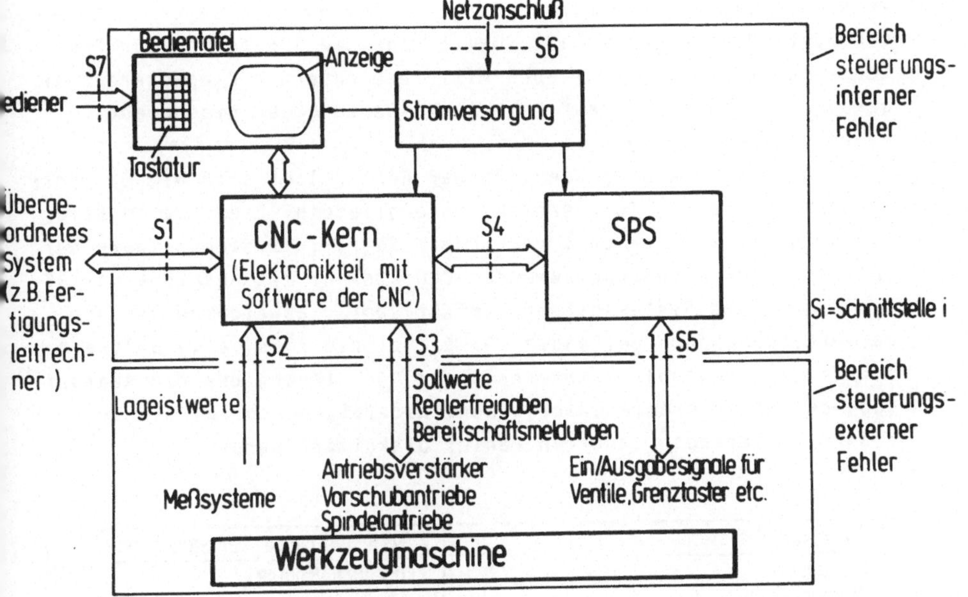

Bild 2.4: Diagnosebereiche und Schnittstellen einer numerisch gesteuerten Werkzeugmaschine

c) Restliche mechanische Komponenten der Maschine, (z.B. Werkzeugwechseleinrichtungen).

Der nach a) genannte Bereich ist verknüpft mit Führungsgrößenerzeugung und Regeleinrichtung, die im CNC-Kern verwirklicht sind und damit im Fehlerfalle der Diagnose interner Fehler zuzuteilen sind. Dafür sind heute Einrichtungen in der CNC vorhanden, um wesentliche Fehler erkennen zu können, wie z.B. durch die sogenannte Schleppabstandsüberwachung, auf die später noch eingegangen wird. Während für c) Lösungen von der jeweiligen Realisierung abhängig sind (z.B. Endlagebegrenzungen), gibt es für b) allgemeine Lösungsansätze /26/. Ein Hilfsmittel zur Fehlerdiagnose solcher steuerungsexterner Fehler ist eine spezielle Programmiermethodik, die auf der Darstellung von Bewegungsabläufen in Form von Zustandsgraphen aufbaut. Damit kann die SPS selbst zur Fehlerdiagnose benutzt oder auch mit einem externen Diagnoserechner gekoppelt werden /9/, auf dem die Auswertung der diagnosebezogenen Daten erfolgt.

Ebenso wie die Diagnose externer Fehler läßt sich die Diagnose interner Fehler in Teilbereiche untergliedern. Dies ist in Bild 2.5 dargestellt. Der dort verwendete Begriff "Systemsoftware der CNC" soll für alle Programme der CNC stehen, mit Ausnahme der NC-Programme. Die Systemsoftware umfaßt somit, abweichend von der bei Prozeßrechnern geltenden VDI-Richtlinie 3525, alle Softwaremodule, die den Ablauf innerhalb der CNC steuern und die Abarbeitung der NC-Programme ermöglichen. Nachfolgend sollen die zu diagnostizierenden internen Fehler diskutiert werden.

1. Steuerungshardware	2. Systemsoftware der Steuerung
Baugruppen:	Programm-Module:
- Mikrorechnermodul	- Ablaufsteuerung (Betriebssystem)
- Programmspeicher	- Bedien-und Steuerdatenverarbeitung
- Datenspeicher	- Decodierung und Aufbereitung der NC-Daten
- Digitale Ein-/Ausgabe	- Geometriedatenverarbeitung
- Analoge Sollwertausgabe	- Aufbereitung der Technologiedaten
- Logik zur Erfassung und Verarbeitung der Signale von Meßsystemen	
- Bedientafel mit Anzeige	

Bild 2.5 : Teilbereiche der Diagnose interner Fehler

2.3 Steuerungsinterne Fehlerarten

Gemäß den festgelegten Teilbereichen der Diagnose interner Fehler sind Hardware- und Softwarefehler zu berücksichtigen. Hardwarefehler können in allen Baugruppen nach Bild 2.5 und den Verbindungen zwischen ihnen auftreten, Softwarefehler in allen dort aufgeführten Programm-Modulen. Gründe für das Auftreten von Hardwarefehlern während der Nutzung der CNC sind: die Alterung von Bauelementen, Umwelteinflüsse (z.B. Feuchtigkeit, elektromagnetische Strahlung etc.) und Bauelementefehler, die bei der Fertigungsendprüfung nicht entdeckt wurden. Mit solchen Fehlern ist bei hochintegrierten elektronischen Bauelementen wie Mikroprozessoren und Speichern zu rechnen, da aus Zeit- und Kostengründen keine vollständige Prüfung durch den Bauelementehersteller möglich ist /18/. Die Ursachen für Hardwarefehler in Bauelementen (z.B. Oxydfehler in MOS-Schaltkreisen) sollen nicht betrachtet werden, sondern gemäß der Fehlerdefinition in Kapitel 2.2 die Auswirkungen auf Steuerungsfunktionen.

Die Gründe für das Auftreten von Softwarefehlern in der CNC sind anderer Art. Nach heutigem Kenntnisstand sind große Programmsysteme nicht fehlerfrei /17, 40/. Das gilt verstärkt für den hier gegebenen Fall der Echtzeitdatenverarbeitung. Es kann in der Regel aus Zeit- und Aufwandsgründen nicht getestet werden, ob für alle Werte und Kombinationen von Eingangsdaten eines Programm-Moduls die richtigen Ausgangsdaten, d.h. die nach Spezifikation geforderten, erzeugt werden, sondern es wird mit Daten getestet, die für den vorgesehenen Einsatzfall relevant sind. Bei diesen Einschränkungen können Softwarefehler an einer ausgelieferten Steuerung auftreten, wenn

- infolge einer veränderten Aufgabenstellung andere Eingangsdaten, als beim Test durch den Hersteller berücksichtigt, verarbeitet werden müssen (z.B. Spezialmaschine mit sehr großem Verfahrbereich und hoher Auflösung des Wegmeßsystems),
- die Reihenfolge, in der die Programme durchlaufen werden, geändert wird und damit Programme unter Umständen mit anderen als den angenommenen Eingangsdaten versorgt werden (bei konfigurierbaren CNC oder bei Wahlmöglichkeit von Funktionen durch den Anwender: z.B. mit/ohne Werkzeugkorrektur),
- durch Austausch von Programmen (z.B. wegen erweitertem

Funktionsumfang oder Fehlerbeseitigung) bisher unentdeckte Fehler in anderen als den veränderten Programmem auftreten.

Ebenso wie bei Hardwarefehlern sollen die Ursachen von Softwarefehlern (z.B. logische oder Codierungsfehler) nicht betrachtet werden.

Zur Erkennung und Lokalisierung der Hard- und Softwarefehler können allgemeine Prinzipien angewendet werden wie das Überwachen von Ausführungszeiten, Grenzwerten, formaler Eigenschaften (Syntax), Trends, logischer Zusammenhänge (Plausibilität) oder das Auswerten redundanter Informationen. Diese können entweder aus zusätzlich zu den Nutzdaten übertragenen Daten (z.B. Paritätsbits) gewonnen werden oder durch Vergleich redundanter Funktionseinheiten. In der Hardware sind dafür identische Baugruppen geeignet und in der Software Programme, die die gleiche Funktion erfüllen sollen wie der betrachtete Softwaremodul.

	Beispiele für Fehler	Diagnosemaßnahmen	Realisierung in	
			Hardware	Software
Hardwarefehler	Mikrorechner adressiert falsch	watchdog-timer: zyklisches Beschreiben bestimmter Speicherzellen (Z)	x	x
	Informationsverlust eines Programmspeichers	Bildung der Prüfsumme und Vergleich mit abgelegtem Wert bei Programmierung (R)		x
	Speicherzelle eines Datenspeichers nicht beschreibbar	Beschreiben des Speichers, Auslesen und Vergleichen (P)		x
	Verbindung zwischen Baugruppen unterbrochen (z.B. Bedienfeld und Steuerungskern)	Datenübertragung zusätzlich mit invertiertem Signal; Vergleich beim Empfänger (R)	x	
Softwarefehler	Zahlenüber-/-unterlauf bei arithmetischer Operation (z.B. Division durch Null)	Zahlenbereich der Operanden vor Ausführung der arithmetischen Operation überwachen (G)		x
		Erzeugung eines Interruptsignals (G)	x	
	Stacküberlauf	Überwachung der Speichergrenzen des Stack (G)	x	x
	Programmlaufzeit zu groß	Überwachung der Ausführungszeit (Z)	x	x
	Falsche Speicheradresse bei indirekter Adressierung	Speicher- bzw. Datenfeldgrenzen überwachen (G)	x	

Prinzip: (Z): Zeitüberwachung
(R): Redundanz
(P): Plausibilität
(G): Grenzwert

Bild 2.6: Beispiele für steuerungsinterne Fehler

Das Bild 2.6 zeigt einige Beispiele für steuerungsinterne Hardware- und Softwarefehler und Maßnahmen um diese Fehler zu erkennen und die zugrundeliegenden Prinzipien. Diese Maßnahmen können durch Hardwaremodule, Softwaremodule oder einer Kombination aus beiden realisiert sein.

Eine wirkungsvolle Vorgehensweise ist das Prüfen der CNC-Hardware durch Programme, die auf den Mikrorechnern der CNC ablaufen. Damit können im Laufe der Nutzungsdauer aufgetretene Fehler erkannt werden wie Hardwarefehler, die sich nur bei bestimmten Einsatzbedingungen auswirken. Das gilt besonders, wenn in der realen Umgebung geprüft wird, was bei einem integrierten Diagnosesystem als Bestandteil der CNC gegeben ist.

Die zuvor genannten Prinzipien zur Fehlererkennung werden in der Regel innerhalb von Programmen angewendet, d.h. es handelt sich um Maßnahmen zur Erkennung von Softwarefehlern, die durch Software realisiert sind. Damit erkannte Fehler führen zu Fehlermeldungen der Programme oder werden von den Programmen selbst behoben. Die Fehlerfreiheit eines Programmes im Sinne der Funktionserfüllung ist damit aber noch nicht gewährleistet. Dieser Nachweis muß durch Vergleich mit den in der Spezifikation festgelegten Solldaten erbracht werden. Er ist durch speziell dafür zu entwickelnde Programme ("Testprogramme") möglich, denen folgendes Prinzip zugrundeliegt: das Testprogramm versorgt das zu testende Programm mit ausgewählten Daten. Nach dessen Beendigung vergleicht es die damit erzeugten Wirkungen (Ausgangsdaten) mit den ihm für diesen Fall bekannten Solldaten. Die Bestimmung relevanter Testdaten, z.B. abgeleitet aus der Spezifikation oder realisierten Lösungen, ist dabei in der Praxis ein nicht triviales Problem.

Der Nachweis der Fehlerfreiheit eines Programmes muß nur einmal erbracht werden, da Software im Gegensatz zu Hardware nicht altert. Das gilt aber nur, wenn keine Änderung der auftretenden Eingangsdaten gegenüber den beim Test berücksichtigten eintritt und das Programm selbst nicht verändert wird. Hinsichtlich der Anwendung von Diagnosemaßnahmen ist deshalb der Zeitpunkt bzw. Zeitraum ihres vorgesehenen Einsatzes zu beachten. Es soll in diesem Zusammenhang nachfolgend von Diagnosephasen gesprochen werden, worunter

- Anlaufphase (Zeit vom Einschalten bis zum Erreichen des Betriebszustandes),
- on-line Phase (Betriebszustand) und
- off-line Phase (Wartung, Inbetriebnahme)

zu verstehen sind.

2.4 Anforderungen an ein integriertes Überwachungs- und Diagnosesystem

Aus den schon in der Einleitung genannten Zielen beim Einsatz eines integrierten Diagnosesystems resultieren Grundaufgaben (Bild 2.7), die von ihm zu erfüllen sind. Diese sollen zunächst betrachtet und dann daraus die Anforderungen an das Diagnosesystem ermittelt werden.

Ziele	Aufgaben	Randbedingungen
- Erhöhung der Verfügbarkeit der Anlage - Schutz der Anlage bei Auftreten eines Fehlers: · Vermeidung von Schäden an Maschine und Werkstück · Verhinderung der Auswirkungen von Fehlern auf benachbarte Geräte - Wartung der Anlage mit eigenem Personal - Verkürzung der Einfahrzeiten neuer Systeme	- Durchführung eines Selbsttests der CNC: · Bestimmung ob CNC intakt · Hinweise auf Fehlerart bzw. austauschbare Einheiten im Fehlerfall - Durchführung von Funktionsüberwachungen - Aufbereiten von Zustandsdaten für · Übergabe an ein übergeordnetes System · manuelle Fehlerdiagnose	- Kostenaufwand für Diagnosesystem · Materialkosten · Entwicklungskosten - Beeinflussung der Zuverlässigkeit der CNC - Beeinflussung der Leistungsfähigkeit der CNC - Erweiterbarkeit und Nachführbarkeit des Diagnosesystems

Bild 2.7: Anforderungen an ein integriertes Überwachungs- und Diagnosesystem

Der Selbsttest der CNC sollte automatisch ablaufen, z.B. beim Einschalten, nach Aktivierung durch den Bediener oder nach einem Befehl des Fertigungsleitrechners und das Testergebnis abgefragt werden können.

Das Diagnosesystem muß im Fehlerfall Hinweise auf den Fehlerort geben, bzw. die austauschbare Einheit nennen, auf welcher der Fehler aufgetreten ist. Bezüglich der Genauigkeit der Fehlerlokalisierung ist der Betriebszustand der Anlage zu berücksichtigen, worauf anschließend eingegangen wird.

Der Selbsttest und die Funktionsüberwachung der Werkzeugmaschine sollen in Form einer "automatischen" Fehlerdiagnose ablaufen. Daneben gehört das Aufzeichnen der Vorgeschichte, die zu einem Fehler geführt hat, d.h. das Sammeln und Aufbereiten von Zustandsdaten und Fehlermeldungen, zur Unterstützung einer manuellen Diagnose zu den Aufgaben.

Bei der Lösung der Grundaufgaben sind einige Randbedingungen zu beachten (Bild 2.7). Unter wirtschaftlichen Gesichtspunkten ist der Kostenaufwand für ein integriertes Überwachungs- und Diagnosesystem von Bedeutung, der sich aus zusätzlichen Materialkosten und den Entwicklungskosten zusammensetzt. Auch der Aspekt der Zuverlässigkeit führt dazu, daß möglichst wenig zusätzliche Hardware in die CNC eingebracht werden sollte.

Die Leistungsfähigkeit der CNC soll durch ein integriertes Diagnosesystem nicht beeinträchtigt werden, speziell das bei einer CNC geforderte Echtzeitverhalten, das durch die Geometrieverarbeitung für die Bahnerzeugung gekennzeichnet ist (Bsp.: Sollwertvorgabe im Abstand von 5ms), darf durch intern ablaufende Prüfungen sich nicht verschlechtern und zu einer Beeinträchtigung der Steuerungsfunktionen führen. Als letzte Grundanforderung ist die Erweiterbarkeit und Nachführbarkeit zu nennen. Da numerische Steuerungen heute ständigen Funktionserweiterungen unterworfen sind und zunehmend konfigurierbar gestaltet werden, muß das Diagnosesystem erweiterbar ausgelegt sein, um zeitliche Verzögerungen bei der Produktentwicklung durch Anpassungsarbeiten am Diagnosesytem oder gar eine funktionale Beeinträchtigung durch das Diagnosesystem zu vermeiden. Ein weiterer Grund für die Notwendigkeit der Erweiterungsmöglichkeit ist die Verarbeitung in der Praxis gewonnener Erkenntnisse bezüglich Diagnose, z.B. der Einbau spezieller Tests zur Überprüfung von Schwachstellen der

Steuerung, die sich erst im Laufe der Anwendung bemerkbar gemacht haben.

	Diagnosephase		
	Anlauf	on-Line	off-Line
Aufgaben	Überprüfung der Vollständigkeit der CNC (alle Baugruppen vorhanden?) Funktionsprüfung der wichtigsten Teile der CNC Überprüfung der Bereitschaftsmeldungen der CNC-Komponenten und von wichtigen Prozeßsignalen (z.B. Signale von SPS) Freigabe der CNC-Initialisierung	Frühzeitiges Erkennen von Fehlern Automatisches Einleiten von Maßnahmen zur Verringerung von Schäden Anzeigen und Speichern von Fehlern Anzeigen und Speichern von Zustandsmeldungen - einzelner Funktionsblöcke der CNC - der angeschlossenen Geräte (z.B. SPS)	Lokalisierung von defekten austauschbarer Einheiten — aufgrund im on-line Betrieb erkannten Fehlern — im Falle der vorbeugenden Wartung Finden von intermittierenden Fehlern (z.B. durch Dauerlauf) Finden von Schwachstellen durch den Test unter extremen Bedingungen (z.B. Temperaturerhöhung)
Merkmale	Aktivierung der Diagnoseroutinen ohne Eingriffe des Bedieners nach — Einschalten der Stromversorgung der CNC — Systemreset Zeitdauer der Anlaufdiagnose begrenzt	Erfolgt im Betriebszustand der CNC Aktivierung der Diagnoseroutinen erfolgt automatisch ohne Eingriff des Bedieners Zeitdauer der Überwachungen, Tests etc. begrenzt	CNC ist nicht im Betriebszustand, d.h. es erfolgt keine Bearbeitung eines Werkstücks Achsensperre ist wirksam Aktivierung der Diagnoseroutinen erfolgt durch Bediener

Bild 2.8: Aufgaben innerhalb der verschiedenen Diagnosephasen

Aus den Grundaufgaben lassen sich Aufgaben ableiten, die an die verschiedenen Diagnosephasen gebunden sind (Bild 2.8). Bei der Anlaufdiagnose sollte eine Funktionsüberwachung der wichtigsten Teile der CNC stattfinden. Die Dauer der Anlaufdiagnose ist zu begrenzen, da dem Bediener längere Wartezeiten nicht zugemutet werden können. Die daraus unter Umständen resultierende eingeschränkte Lokalisierungsgenauigkeit ist tolerierbar, weil nach erkanntem und gemeldeten Fehlerfall eine genauere Lokalisierung in der off-line Phase erfolgen kann. In dieser Phase müssen deshalb die höchsten Anforderungen an den Grad der Fehlerlokalisierung gestellt werden, um gezielt Einheiten austauschen oder reparieren zu können.

Bezüglich der Fehlerbewertung ist grundsätzlich zu unterscheiden zwischen einer Bewertung, die zu einem passiven bzw. zu einem aktiven Verhalten der CNC führt. Bei letzterer wird der Ablauf beeinflußt, d.h. es findet eine selbsttätige Reaktion der

CNC auf einen Fehler statt.

Ein passives Verhalten besteht im einfachsten Fall aus einer Anzeige des Fehlers. Der Bediener entscheidet dann anhand des angezeigten Fehlertyps, ob Maßnahmen notwendig sind, die er gegebenenfalls auch selbst einleitet. Aufgrund der Reaktionszeit des Menschen darf sich aber die CNC nur dann auf eine Fehleranzeige beschränken, wenn eine ausreichende Zeitspanne bis zum erforderlichen Beginn der vom Bediener einzuleitenden Maßnahmen vorhanden ist oder der Fehler für den momentan laufenden Prozeß keine Auswirkungen hat. Weiterhin dürfen solche Fehler keine Gefährdung von Personen und Schäden an Maschine und Werkstücken hervorrufen können

Treffen die oben aufgezählten Bedingungen auf einen Fehler nicht zu, so muß die CNC selbsttätig Reaktionen einleiten. Dadurch kann die Sicherheit der Anlage gesteigert werden, wobei bei Gefahr für Leib und Leben über einen "Sicherheitsnachweis" /13/ zu beweisen ist, daß sich damit das System im Sinne eines Gefährdungsauschlusses verhält. Man erhält dadurch allerdings kein "fail-safe" System (vgl. Kap. 2.1).

Welche Reaktion im einzelnen notwendig ist, hängt vom Fehlertyp ab. Durch eine geeignete interne Klassifizierung ist einerseits der Schutz der Anlage zu gewährleisten, andererseits darf durch eine "Überreaktion" ein Bearbeitungsvorgang nicht unnötigerweise abgebrochen werden.

Zur Lösung dieser Aufgaben werden

- Verfahren zur Diagnose steuerungsinterner Fehler und
- geeignete Strukturen der CNC zur Anwendung dieser Verfahren

benötigt. Da die Funktionsfähigkeit der Steuerungshardware die Voraussetzung für einen ordnungsgemäßen Ablauf der Programme in der CNC ist, sind Verfahren zur automatischen Diagnose von Hardwarefehlern in allen Diagnosephasen von besonderer Bedeutung. Unter dem Gesichtspunkt weiter sinkender Preise für Halbleiterspeicher ist anzustreben, dafür weitestgehend Software einzusetzen. Zu lösende Teilaufgaben hierbei sind das Ermitteln relevanter Testdaten und die Bestimmung der notwendigen Tests. Neben der automatischen Diagnose sollte die manuelle Diagnose von Hardwarefehlern in der off-line Phase (Wartung, Inbetriebnahme) so unterstützt werden, daß eine Fehlerlokalisierung bis auf die Ebene austauschbarer Funktionseinheiten auch von wenig qualifiziertem Personal möglich wird, für den Fall, daß durch die automatische Diagnose nur eine zu grobe Fehlerlokalisierung erreichbar ist.

Wie in Kapitel 2.3 ausgeführt wurde, ist eine automatische Diagnose von Softwarefehlern nur bedingt möglich. Die Zielsetzung für diese Fehlerart ist deshalb der Entwurf eines manuellen Diagnoseverfahrens zur Verkürzung der Inbetriebnahme- und Wartungsdauer. Speziell bei konfigurierbaren CNC ergibt sich dafür eine Notwendigkeit /23/, da die Softwarekosten nicht auf große Stückzahlen, wie bei Standard-CNC, verteilt werden können. Es soll damit möglich werden das funktionale Zusammenwirken von Programmen auch unterschiedlicher Hersteller effektiv zu testen.

Die Realisierung des weitaus größten Teils der CNC-Funktionen in der Software bedingt die Berücksichtigung der Anforderungen bezüglich Diagnose in Form geeigneter Strukturen der CNC-Systemsoftware. Ein in der Praxis häufiges Problem besteht darin, daß die in der Entwicklungsphase erstellten Programme zum Test einzelner Software- und Hardwaremodule, mangels geeigneter Schnittstellen und Ablaufstrukturen des fertigen Produktes, nicht weiterverwendbar sind, sondern daß für die Wartung Diagnosehilfsmittel neu entwickelt werden. Durch eine flexible Diagnosestruktur und das Festlegen von Diagnoseschnittstellen in der Systemsoftware soll nicht nur eine Anpassung an unterschiedliche Steuerungsstrukturen erreicht, sondern auch eine Wiederverwendung von Testprogrammen möglich werden. Als Teilaufgabe hieraus ergibt sich die Entwicklung eines Konzeptes zur Fehlerbehandlung und -bewertung, das die verschiedenen Diagnosephasen berücksichtigt.

Die zu entwerfenden Lösungsverfahren und Strukturen für ein in der CNC integriertes Diagnosesystem sollen nicht auf eine spezielle CNC bzw. CNC-Struktur zugeschnitten sein, sondern allgemein auf numerische Steuerungen mit einem oder mehreren Mikrorechnern angewendet werden können. Funktionsspezifische Diagnosemaßnahmen, als Beispiel sei die schon erwähnte Schleppabstandsüberwachung in der Funktionseinheit "Lageregelung" genannt oder die Überwachung von Bedieneingaben, werden deshalb nicht betrachtet.

Nachfolgend sollen zunächst ausgeführte Maßnahmen zur Fehlerdiagnose in Standardsteuerungen auf ihre Eignung für das zu entwerfende Überwachungs- und Diagnosesystem untersucht werden.

3 Untersuchung ausgeführter Maßnahmen zur Fehlerdiagnose in numerischen Steuerungen

3.1 Hardware der numerischen Steuerung

Im Bereich der Steuerungshardware zielen die Diagnosemaßnahmen im wesentlichen auf die Funktionsüberwachung des zentralen Rechners mit dem Mikroprozessor als Kern und die zugehörigen Systemprogrammspeicher /7, 25, 27/.

Zur Überwachung wird auch das "watchdog-timer" Prinzip angewendet. Der Rechner muß bestimmte Speicherzellen während des Betriebes zyklisch beschreiben. Dadurch werden die Register eines Zählers mit einem Zeitzählwert geladen und der Zählvorgang gestartet. Der Abstand zwischen den Ladevorgängen des Zählers darf eine maximale Zeit nicht überschreiten, da sonst der vorgegebene Wert über- oder unterschritten wird. Tritt dieser Fall auf, so wird angenommen, daß der Rechner defekt ist, und das System wird abgeschaltet. Es handelt sich somit um eine Anwendung des Prinzips der Zeitüberwachung. Damit kann allerdings nur die grundsätzliche Funktionsfähigkeit des Rechners nachgewiesen werden.

Der NC-Datenspeicher einer CNC, der die NC-Programme und spezielle Daten zur Anpassung an die WZM enthält, darf seine Information beim Ausschalten der Anlage nicht verlieren. Dafür werden heute batteriegepufferte Halbleiterspeicher in CMOS-Technologie oder Magnetblasenspeicher eingesetzt. Speziell für die Speicherung der maschinenbezogenen Daten sind auch elektrisch löschbare und programmierbare Festwertspeicher (EAROM = Electrically Alterable Read Only Memory) üblich. Während die letzten beiden Speicher aufgrund ihrer internen Struktur die Daten bei geeigneter Ansteuerung auch im stromlosen Zustand speichern, ist für den gepufferten Halbleiterspeicher eine Batterie nötig. Ihr Ladezustand wird bei den meisten Steuerungen beim Einschalten geprüft.

Ein für die Funktionsfähigkeit der CNC wesentlicher Bestandteil der Hardware ist die Stromversorgung. Es ist üblich sowohl die netzseitige Eingangsspannung als auch die daraus erzeugten Gleichspannungen für die CNC-Elektronik auf Über- bzw. Unterschreiten von zulässigen Werten zu überwachen.

3.2 Steuerungsexterne Funktionseinheiten

Die Überwachung von Antrieben und Meßsystemen erfolgt durch Grenzwertbetrachtungen. Bei der Inbetriebnahme der Werkzeugmaschine wird in der CNC eine Anpassung an die Maschinendynamik vorgenommen und in Form von maschinenspezifischen Parametern in der Steuerung hinterlegt. Diese sind beispielsweise der K_v - Faktor (Geschw. Verstärkung), die maximale Achsgeschwindigkeit, die maximale Beschleunigung, die maximale und minimale Spindeldrehzahl usw. Durch Vergleich der Istwerte mit diesen Grenzwerten kann nun die CNC eine Überwachung der externen Funktionseinheit und auch z.T. des Bearbeitungsprozesses vornehmen. Bekannt ist in diesem Zusammenhang die Schleppabstandsüberwachung, bei der die Differenz zwischen Lageist- und Lagesollwert betrachtet wird. Dieser Schleppabstand darf nun in Abhängigkeit von der Geschwindigkeitsverstärkung und der momentanen Verfahrgeschwindigkeit die zuvor eingegebenen Grenzwerte nicht überschreiten. Bei Bahnsteuerungen werden die zusammengehörigen Achsen gleichzeitig überwacht ("Kontur- oder Bahnüberwachung") /7, 28/. Die Ursache eines solchermaßen erkannten Fehlers kann im Bearbeitungsprozeß liegen, z.B. Kollision zwischen Werkzeug und Werkstück, im Antrieb oder im Meßsystem, d.h. im Bereich der externen Fehler. Andererseits kann die Ursache auch innerhalb der CNC liegen und damit die internen Fehler betreffen. Dies kann z.B. durch einen fehlerhaften Digital-/Analogwandler vorgerufen werden, der den vom digitalen Lageregler in der CNC gebildeten Sollwert in die analogen Sollwerte für die Antriebsverstärker wandelt.

Das Erkennen von Fehlern aufgrund der beschriebenen Überwachungen führt meist direkt zu Reaktionen der CNC ohne Einschaltung des Bedieners, d.h. es wird eine Fehlerbewertung in der CNC vorgenommen. Üblicherweise besteht die Reaktion in der Wegnahme der Reglerfreigabe für die Antriebsverstärker, um die Maschinenachsen stillzusetzen.

Die Überprüfung der grundsätzlichen Funktionsbereitschaft der SPS nach dem Einschalten ist mit Hilfe von Bereitschaftsmeldungen von der CNC an die SPS und umgekehrt möglich. Ohne die Bereitschaftsmeldung der SPS kann z.B. keine Abarbeitung eines NC-Programmes in der CNC gestartet werden. Im Betrieb läßt das Vorhandensein dieser Signale aber nicht unbedingt den Rückschluß auf die Funktionsfähigkeit zu, da die Signale auch bei Fehlverhalten von CNC oder SPS weiterhin statisch anstehen können.

Als Hilfsmittel für eine manuelle Fehlerdiagnose werden teilweise die Signale der Schnittstelle S4, interne Zustandsdaten der SPS /38, 44/ ebenso wie die Signale an der Schnittstelle S5 auf dem Bedienfeld der CNC angezeigt.

3.3 Datenaustausch

Die Schnittstelle S1 ermöglicht den Transfer von NC-Programmen zu und von einem externen Datenträger, z.B. einem übergeordneten Rechner. Zur Überwachung der Verbindungen und des darüber ablaufenden Datenaustausches wird die Paritätsprüfung angewendet. Neben der Paritätsprüfung jedes einzelnen eingelesenen Zeichens findet eine Satzparitätsprüfung statt. In verketteten Fertigungssystemen werden an der Schnittstelle S1 (Bild 2.2) neben NC-Programmen auch Steuerbefehle wie z.B. "Start der Bearbeitung" an die CNC übermittelt oder Zustandsdaten von ihr ausgegeben /29, 35/. Zur Sicherung der Datenübertragung werden aus der Übertragungstechnik bekannte Verfahren angewendet, wobei grundsätzlich zwischen einer codegebundenen und einer codeungebundenen Datenübertragung unterschieden wird /30/.

Die diagnosebezogenen Daten können innerhalb oder außerhalb der CNC ausgewertet werden. Zur externen Auswertung werden sie, unter Zwischenschaltung eines Modems, über das Telefonnetz an den Steuerungshersteller übertragen. Diese Art der Diagnose wird meist als "Ferndiagnose" bezeichnet /22, 43, 44/.

An der Schnittstelle S2 (Bild 2.4) übernimmt die CNC die Lageistwerte der einzelnen Maschinenachsen oder die Spindelpositionen. Die üblicherweise verwendeten Meßsysteme liefern rechteckförmige Impulsfolgen in invertierter und nicht invertierter Form. Damit ist eine einfache Überwachung der Verbindungen zum Meßsystem möglich, in /28, 33, 34/ z.B. mittels einer Addition modulo 2 der jeweils zusammenhängenden Signale.

3.4 Bewertung der Maßnahmen

Die ausgeführten Diagnosemaßnahmen bestehen im wesentlichen aus einer automatischen Funktionsüberwachung von Antrieben, Meßsystemen und SPS. Darüberhinaus wird die Datenübertragung von und zu einem übergeordneten System überwacht. Die Überwachungen sind in einzelnen Software-Modulen realisiert. Voraussetzung für ihre Wirksamkeit ist die Funktionsfähigkeit der Hardware. Diagnosemaßnahmen hierfür beschränken sich auf die Überwachung der prinzipiellen Funktionsfähigkeit der CNC-Rechner (watchdog) und die Überwachung hinsichtlich eines möglichen Datenverlustes der Programmspeicher (Prüfsumme). Damit ist jedoch nur eine grobe Fehlereingrenzung möglich. So beträgt die Zahl der Fehleinsätze, bei denen fälschlicherweise der Service des Steuerungsherstellers gerufen wird, etwa 50% /42/. Mit den ihm zur Verfügung stehenden Hilfsmitteln wie

- Diagnosesoftware, die über die Schnittstelle S1 in die CNC eingegeben wird,
- fest im Speicher der CNC abgelegte Diagnosesoftware, die aber nur von einem Spezialisten genutzt werden kann,
- spezielle Testhardware (Testhilfsmittel, die in die CNC eingebracht werden oder externe Testgeräte)

kann eine bessere Fehlerlokalisierung erreicht werden, sofern der Fehler beim Eintreffen des Service reproduzierbar ist. Deshalb sollten diese Hilfsmittel weitestgehend in die CNC integriert und für den Maschinenhersteller und auch -anwender nutzbar gemacht werden.

Aus den schon beschriebenen Gründen stellen konfigurierbare Steuerungen höhere Anforderungen an die Diagnosemöglichkeiten durch den Steuerungsanwender als die untersuchten Standard-CNC. Dafür existieren bisher keine ausreichenden Hilfsmittel. Im zu entwerfenden Diagnosesystem soll insbesonders dieser Gesichtspunkt berücksichtigt werden.

4 Verfahren zur Überwachung und Fehlerdiagnose in numerischen Steuerungen

4.1 Allgemeiner Lösungsansatz

Lösungsverfahren zur Fehlerdiagnose werden vom zu diagnostizierenden Objekt beeinflußt. Verfahren zur Lösung eines bestimmten Diagnoseproblems können deshalb in der Regel nicht auf einen anderen Problemkreis übertragen werden. Prinzipiell liegt allen jedoch die in Bild 4.1 dargestellte Vorgehensweise zugrunde.

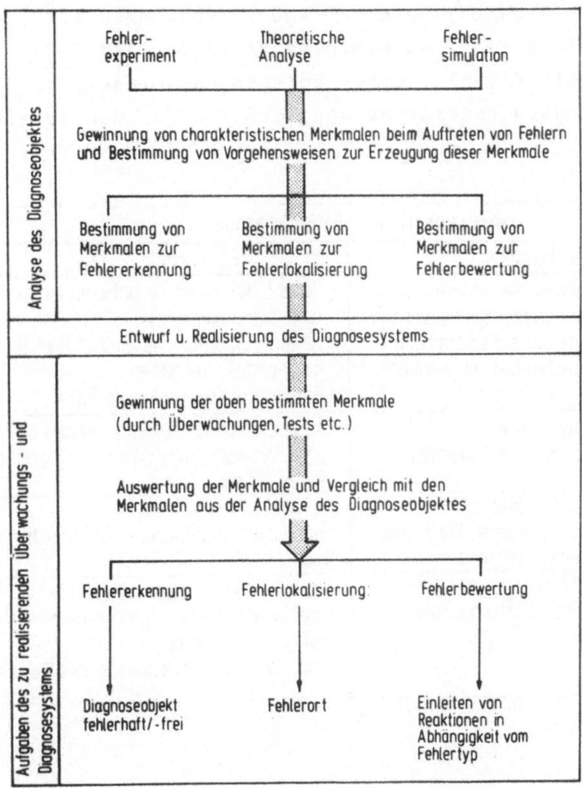

Bild 4.1: Grundprinzip der Überwachung und Fehlerdiagnose

Sie gliedert sich in die Aufgaben des Entwicklers, d.h. Analyse des Diagnoseobjektes mit anschließendem Entwurf, dem die Realisierung folgt, und die vom fertigen Diagnosesystem zu erfüllenden Aufgaben (Kap.2).

Wie schon erwähnt, handelt es sich bei dem Diagnoseobjekt CNC um ein komplexes Gebilde aus Hardware und Software, dessen genaue innere Struktur auch dem Entwickler nicht bekannt ist (z.B. hochintegrierte Bausteine). Zur Lösung der Diagnoseaufgaben wird deshalb ein funktionaler Ansatz gewählt. Bei diesem steht die zu erfüllende Funktion einer aus Hardware- und Softwarebausteinen bestehenden Betrachtungseinheit, worunter ein ausgewählter Teil des Gesamtsystems der CNC zu verstehen ist, im Vordergrund und nicht mehr das einzelne Bauteil (Bild 4.2). Auch soll nicht die Fehlerfreiheit einer Betrachtungseinheit nachgewiesen werden, sondern gezeigt werden, daß die für den speziellen

		Lösungsansatz zur Fehlerdiagnose	
		Strukturell	Funktional
Merkmale	Allgemein	· Setzt Kenntnis der inneren Struktur des Diagnoseobjekts voraus · Benötigt genaues Fehlermodell · Kein Entwurfsfehler erkennbar	· Beruht auf einer Verhaltensbeschreibung des Diagnoseobjekts · Fehler = von der Systembeschreibung abweichendes Verhalten · Entwurfsfehler sind erkennbar
	Betrachtungseinheit	Bauelement/-gruppe Bsp.: Gatter eines Netzwerkes	Abgeschlossene Funktionseinheit (Hardware und Software) Bsp.: Programmspeicher eines Mikrorechners
	Diagnoseaussage	Ausgangssignal fehlerhaft Bsp.: Falscher logischer Wert am Ausgang eines Gatters	Funktion nicht erfüllt Bsp.: Lesen des Mikrorechnerspeichers nicht möglich
	Mögliche Fehler	Bauelement/-gruppe defekt Bsp.: Einzelner Gatterbaustein	· Bauelement/-gruppe defekt Bsp.: Leselogik eines Speicherchips defekt · Software fehlerhaft Bsp.: Falsche Adressierung des Speichers

Bild 4.2: Gegenüberstellung von strukturellem und funktionalem Lösungsansatz zur Fehlerdiagnose

Anwendungsfall festgelegte Funktion von ihr erfüllt wird. Zur Diagnose wird deshalb eine funktionale Beschreibung der CNC benötigt.

Wie in Kapitel 2.3 dargelegt, hängen die Anforderungen an das Diagnosesystem von der Diagnosephase ab. Für das Lösungsverfahren bedeutet dies, daß unterschiedliche Betrachtungseinheiten Gegenstand der Diagnose sind, je nachdem ob der Funktionsnachweis für einzelne Einheiten der CNC gefordert wird oder nur für das Gesamtsystem. Deshalb werden die zwei im Bild 4.3 erläuterten Betrachtungsebenen, die <u>System- und die Modulebene</u>, eingeführt und als <u>Diagnoseebenen</u> der CNC bezeichnet. Allgemein kann der für das Diagnosesystem gewählte Lösungsansatz somit als hierarchisch funktionaler Ansatz bezeichnet werden.

Diagnoseebene	Überwachungsziel	Diagnoseziel	Baugruppen der Diagnoseebenen (Bsp.)
Systemebene	Aussage: CNC ist intakt/defekt Durch: Beobachten relevanter Signale und Daten	Aussage: Fehler auf einer kompletten Systemkomponente: · Bedienfeld, CNC-Kern... · Mikrorechnermodul Durch: Auswerten der Überwachungsergebnisse u. Analogieschluß	Bedienfeld ... Mikrorechner
Modulebene	Aussage: Komplette Systemkomponente z.B. Bedienfeld, Mikrorechnermodul ist intakt/defekt Durch: -Selbsttest innerhalb eines Moduls -Test eines Moduls mit Hilfe eines weiteren Moduls	Aussage: Fehler auf austauschbarer Einheit: · Mikrorechnermodul · Ein-/Ausgabemodul · Baugruppe eines Mikrorechnermoduls (z.B. Speicher) · Bauelement Durch: -Auswerten der Überwachungsergebnisse u. Analogieschluß -Zusätzliche Prüfungen und Tests	Module: Tastatur, CRT Controller, ..., CRT Mikroprozessor, Speicher, ..., Ein-/-Ausgabe Modul

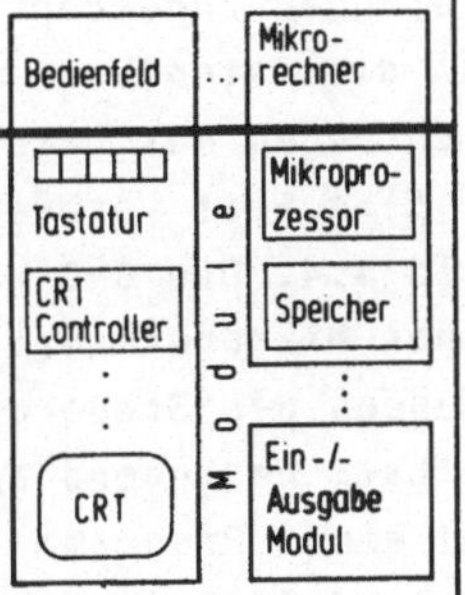

<u>Bild 4.3:</u> Diagnoseebenen der CNC

Entsprechend den eingeführten Diagnoseebenen sollen in den nächsten Kapiteln auch diesen zugeordnete Diagnosemodelle für numerische Steuerungen entworfen werden.

4.2 Diagnosemodelle für die numerische Steuerung

4.2.1 Betrachtung auf Systemebene

Zum Aufbau eines Diagnosemodells sind im ersten Schritt die charakteristischen Merkmale von numerischen Steuerungen, hier auf Systemebene, zu ermitteln. Dazu sollen zunächst die Hardwarearchitekturen von CNC analysiert werden.

Für die Diagnose auf dieser Betrachtungsebene wird die CNC anhand der Hardwarearchitektur in komplette austauschbare Einheiten aus Hardware und Software gegliedert (z.B. Mikrorechnermodule), die nachfolgend ganz allgemein als Module bezeichnet werden. Der interne Aufbau dieser Module ist hier nicht von Bedeutung, jedoch die Verbindungsstrukturen zwischen ihnen. Als Bindeglieder zwischen den Modulen des CNC-Kerns werden Busse mit paralleler Datenübertragung verwendet, über die der Datenaustausch im Zeitmultiplexbetrieb abläuft. Auf die verschiedenen Busdefinitionen und -verwaltungsstrategien wird nicht weiter eingegangen, da die Diagnoseverfahren nicht auf spezielle Realisierungen zugeschnitten sein sollen. Im folgenden werden deshalb nur die Datenübertragungsmöglichkeiten über die Busse und die Richtungen des Datentransfers betrachtet.

Eine weit verbreitete Struktur (z.B. /12, 27/) zeigt das Bild 4.4. Die CNC enthält im Steuerungskern in der Regel nur einen Mikrorechner. Am Bus des Mikroprozessors sind alle Baugruppen des Steuerungskerns angeschlossen. Der Mikrorechner selbst, bestehend aus Mikroprozessor mit der Schnittstelle S1 und einem Programm- und Datenspeicher (Systemprogrammspeicher im Bild 4.4), ist auf zwei getrennten Baugruppen realisiert. Das bedeutet, daß bei Störungen auf dem Bus die Funktionsfähigkeit des Rechners beeinträchtigt werden kann. Diese Struktur kann durch weitere Mikroprozessoren ergänzt werden, die sich den gemeinsamen Speicher teilen. Hinsichtlich Verarbeitungsleistung ist diese Variante jedoch nicht effizient und deshalb auch wenig verbreitet. Sie wird deshalb nicht weiter betrachtet.

Mit dem Mikrorechner lassen sich prinzipiell die zur Fehlerdiagnose notwendigen Operationen

- Stimulation von zu testenden Einheiten mit Testsignalen durch den Ablauf von Testprogrammen,
- Auswertung von Testergebnissen,
- Überwachung von Signalen,

ausführen.

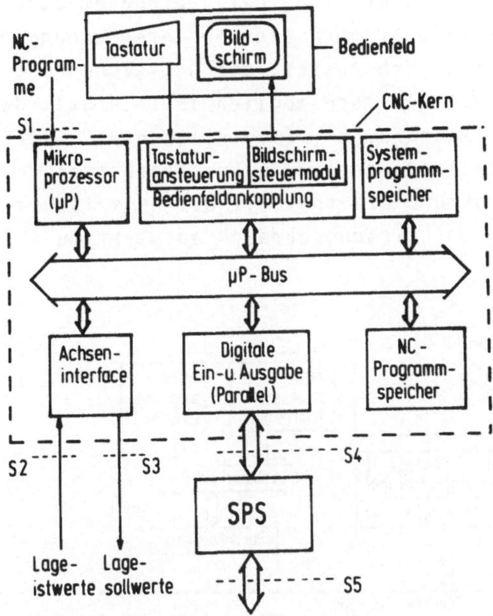

Bild 4.4: Hardwarearchitektur einer CNC (Typ 1)

Aufgrund der Verbindungsstruktur ist ein Test aller am Mikroprozessorbus angeschlossenen Komponenten mögich, sofern die benötigten Testsignale dem Rechner zugänglich sind. Die Testergebnisse können auf dem Bedienfeld angezeigt oder über die Schnittstelle S1 einem übergeordneten Rechner mitgeteilt werden. Der Mikrorechner des CNC-Kerns kann also als eine eigenständige Einheit betrachtet werden, mit dessen Hilfe die restlichen Baugruppen des CNC-Kerns und das Testergebnis dem Bediener oder einer überwachenden Einheit übermittelt werden kann.

Über die Schnittstelle S4 ist der CNC-Kern mit der SPS verbunden, die hier ein eigenständiges Gerät ist. Fällt der CNC-Rechner aus, so können auch die von ihm zu erfüllenden Diagnoseaufgaben nicht mehr wahrgenommen werden. Das Erkennen des Ausfalls kann durch den in Kapitel 3 beschriebenen "watchdog" erfolgen. Eine Fehlerlokalisierung nach Ausfall des Rechners im CNC-Kern ist damit nicht möglich. Bei geeigneter Struktur der Schnittstelle S4 kann aber auch eine Fehlererkennung durch die SPS erfolgen, wodurch nach Ausfall des CNC-Rechners eine Fehlerlokalisierung prinzipiell noch möglich ist. Enthält das Bedienfeld einen eigenen Mikrorechner ("Intelligentes" Bedienfeld), so können damit ebenfalls Diagnoseaufgaben bearbeitet werden.

Eine andere Struktur, die speziell bei numerischen Steuerungen für den oberen Leistungsbereich anzutreffen ist /28/,

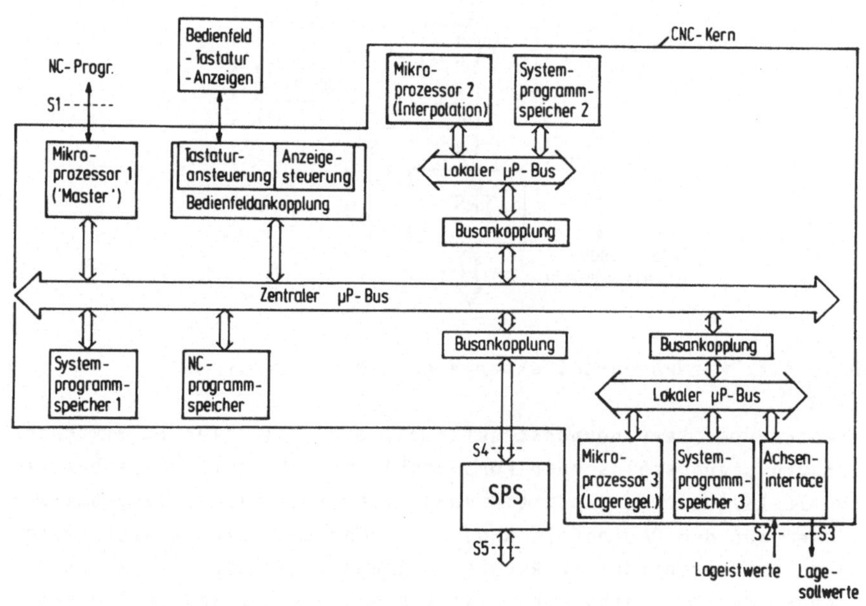

Bild 4.5: Hardwarearchitektur einer CNC (Typ 2)

zeigt das Bild 4.5. Sie ist gegenüber derjenigen aus Bild 4.4 durch folgende Eigenschaften gekennzeichnet:

- Mehrere Mikrorechner im Steuerungskern,
- Kommunikation vom "Master"-Rechner mit den anderen Rechnermodulen über einen zentralen Bus,
- vom zentralen Bus getrennte lokale Busse, an denen Mikrorechnermodule und Peripheriemodule zur Werkzeugmaschine

angeschlossen sind (hierarchisches System).
Diese Struktur bietet mehr Möglichkeiten zur Fehlerdiagnose auch innerhalb des CNC-Kerns, weil die Mikrorechnermodule sich gegenseitig testen können, wenn die entsprechenden Kommunikationsmöglichkeiten vorhanden sind.

Eine weitere charakteristische Hardwarearchitektur /45/ zeigt das Bild 4.6 . Im CNC-Kern sind ebenso wie in Steuerungen des Typs 2, mehrere Mikrorechner vorhanden, es gibt jedoch einige Unterschiede bezüglich Kommunikations- und Verbindungsstruktur:

- Ein zentraler Bus, an dem nur komplette Mikrorechnermodule (Mikroprozessoren mit Speichern) angeschlossen sind,
- Ankopplung der Schnittstellenmodule zur Werkzeugmaschine an den zentralen Bus,
- direkte Kommunikationsmöglichkeit aller Rechnermodule miteinander.

Der Vorteil dieser Lösung liegt im direkten Zugriff über den Bus auf alle Module des CNC-Kerns. Im Gegensatz zur Steuerung des Typs 1 wird zur internen Funktionsfähigkeit eines Rechnermoduls der Bus aber nicht benötigt. Störungen auf dem Bus können aber sowohl die Kommunikation zwischen den Rechnermodulen beeinträchtigen als auch die Ausgabe von Stellsignalen an die Werkzeugmaschine verhindern.

Aus den Betrachtungen folgt, daß die wesentlichen Merkmale der gerätemäßigen Struktur einer CNC im Hinblick auf eine mögliche Diagnose die

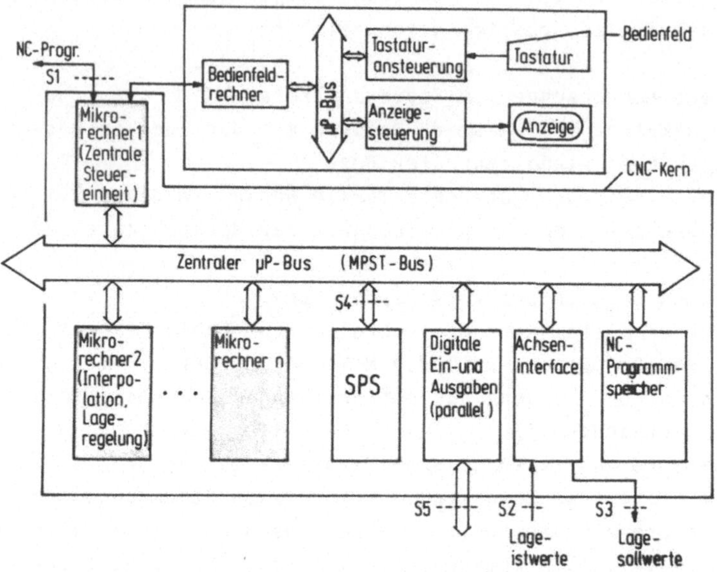

Bild 4.6: Hardwarearchitektur einer CNC (Typ 3)

- Anzahl der vorhandenen Mikrorechnermodule, die
- Kommunikationsmöglichkeiten zwischen diesen und die
- Verbindungsstrukturen zwischen den Mikrorechnermodulen und den restlichen Komponenten sind.

Damit läßt sich die Struktur entsprechend Bild 4.7 darstellen ("Diagnosestruktur").

Die Möglichkeit des Datenaustausches über den Bus kann zum gegenseitigen Test der Mikrorechnermodule genutzt werden, indem z.B. der testende Modul auf dem zu testenden Modul Testprogramme aktiviert und das Ergebnis auswertet in Form einer Aussage "Einheit defekt/ intakt". Die Bestimmung des Fehlerortes innerhalb eines Moduls ist auf dieser Betrachtungsebene nicht von Interesse.

Inwieweit neue Rechnerarchitekturen, deren Ziel eine weitere Steigerung der Verarbeitungsleistung ist /46/, bei zukünftigen

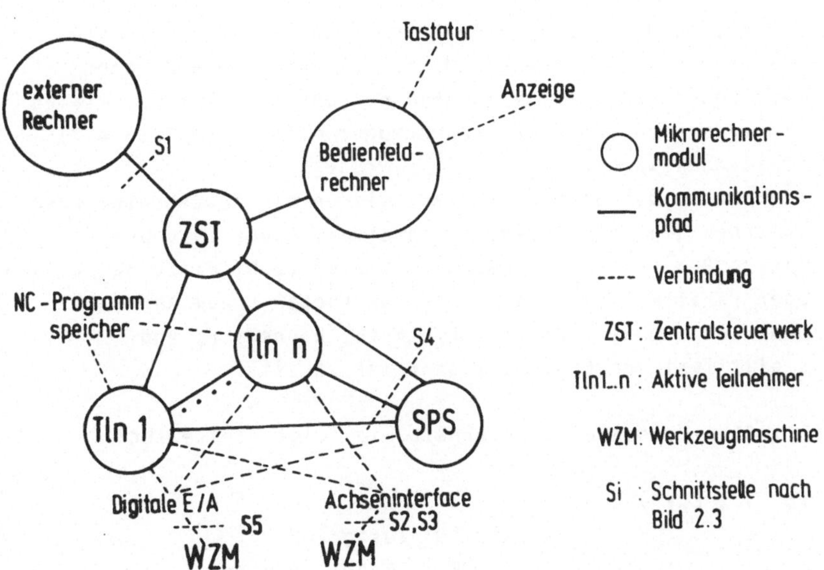

Bild 4.7: Diagnosestruktur einer CNC nach Bild 4.6

CNC Anwendung finden, läßt sich zum jetzigen Zeitpunkt nicht vorhersagen. In absehbarer Zukunft werden aber die beschriebenen CNC-Strukturen weiter verwendet werden, da die Verarbeitungsleistung gegenüber heute üblichen Steuerungen sowohl durch Hinzufügen weiterer parallel arbeitender Mikrorechnermodule als auch durch die Verwendung schnellerer Mikroprozessoren noch beträchtlich gesteigert werden kann.

Die Diagnosestruktur nach Bild 4.7 verdeutlicht anhand der Kommunikationspfade die prinzipiellen Möglichkeiten zum Test der Mikrorechnermodule untereinander. Die tatsächlichen Testbeziehungen, resultierend aus Hardwareeinschränkungen (z.B. Datentreiber arbeiten nur in einer Richtung) und Funktion der implementierten Software, sind daraus nicht ersichtlich. Dafür wird eine Darstellung in Form eines gerichteten Graphen gewählt, die im folgenden als Testgraph bezeichnet wird. Wie allgemein bei Graphen üblich besteht er aus Knoten und Kanten. Es sollen folgende Vereinbarungen gelten:

- Die Knoten des Graphen repräsentieren "intelligente Einheiten" der CNC, worunter Mikrorechnermodule und ihnen zugeordnete andere Komponenten der CNC (z.B. die digitalen Ein-/Ausgaben dem Mikrorechnermodul "Tln 1" im Bild 4.7) verstanden werden;
- die Kanten des Graphen repräsentieren die Testverbindungen zwischen den intelligenten Einheiten, wobei ihre physikalische Realisierung unbeachtet bleibt (z.B. einzelne Leitung oder Parallelbus). Eine Kante vom Knoten i zum Knoten k bedeutet deshalb: Einheit E_i testet Einheit E_k und stellt fest, ob E_k defekt oder intakt ist.

Formal läßt sich dieser Sachverhalt wie folgt darstellen:

$$TG = (E, V) \tag{4.1}$$

mit TG: Testgraph
E : Einheit (Knoten)
V : Verbindung (Kante)

und

$$E = \{E_1 \ldots E_n\}$$
$$V = \subseteq E \times E$$

Das Testergebnis einer Einheit E_i über E_k repräsentiere die boolesche Variable t_{ik}. Es sei:

$$t_{ik} = 1, \text{ wenn } E_k \text{ intakt} \tag{4.2}$$
$$t_{ik} = 0, \text{ wenn } E_k \text{ defekt.}$$

Darüberhinaus ist der wahre Zustand (intakt/defekt) einer intelligenten Einheit, zur Unterscheidung von dem durch Testen ermittelten Zustand, von Bedeutung. Er soll mit der booleschen Variablen x_i bezeichnete werden, deren Bedeutung identisch Gleichung (4.2) ist. Die getroffenen Vereinbarungen zeigt zusammenfassend das Bild 4.8.

Da bei einem Test sowohl die testende als auch die getestete Einheit defekt sein können, müssen gewisse Annahmen getroffen werden. Im Bild 4.9 sind die prinzipiellen Möglichkeiten für das Testergebnis zweier Einheiten dargestellt. Den folgenden Aus-

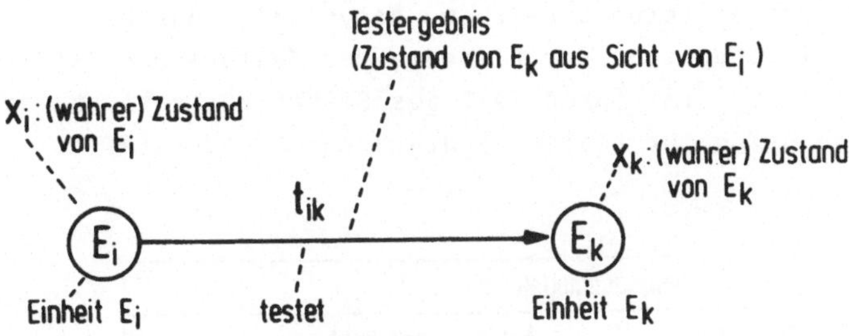

Bild 4.8: Testgraph

führungen liegt die Annahme zugrunde, daß nur die Testergebnisse intakter Einheiten vertrauenswürdig sind (im Bild 4.9 schraffiert).

Zustand E_i	E_k	Einige mögliche Testergebnisse t_{ik}								
0	0	0	0	0	1	X	X	X	X	X
0	1	1	0	X	1	1	0	X	X	X
1	0	0	0	0	0	0	0	0	X	X
1	1	1	1	1	1	1	1	1	1	X

t_{ik}: Testergebnis von E_i über E_k

Testgraph: $E_i \xrightarrow{t_{ik}} E_k$

1 = intakt
0 = defekt
X = undefiniert

Bild 4.9: Verschiedene Möglichkeiten von Testergebnissen zwischen zwei Einheiten

Mit Hilfe der getroffenen Vereinbarungen können Modelle für die Diagnose auf Systemebene auf der Basis von Graphen erstellt werden. Die Bilder 4.10 und 4.11 zeigen solche Diagnosemodelle für die zuvor betrachteten CNC-Typen, dargestellt durch Testgraphen. Die Bedeutung der Elemente des Testgraphen ist aus der Diagnosestruktur im linken Teil des Bildes ersichtlich, die ihrerseits den Bezug zur realen Hardware der CNC darstellt.

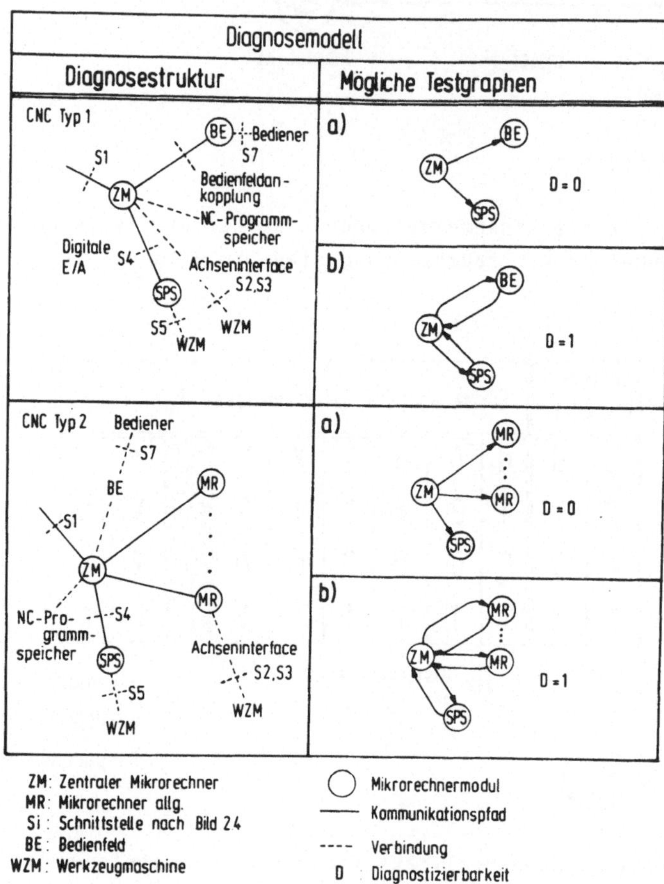

Bild 4.10: Diagnosemodelle für CNC bei Betrachtung auf Systemebene (Teil 1)

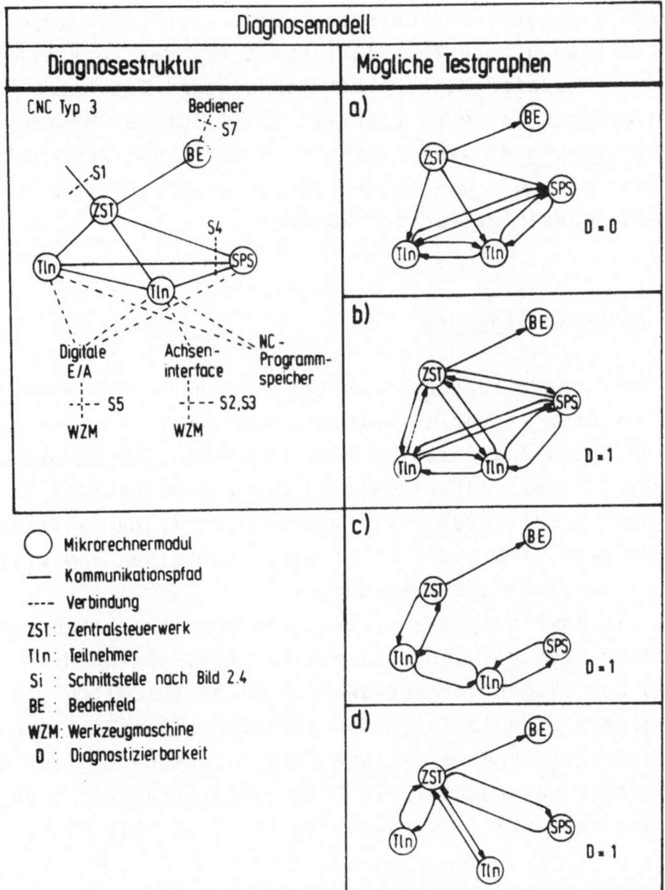

Bild 4.11: Diagnosemodelle für CNC bei Betrachtung auf Systemebene (Teil 2)

Mit Hilfe der Testgraphen können Aussagen hinsichtlich der Diagnostizierbarkeit einer CNC gemacht werden. Dazu muß aber zusätzlich zum jeweiligen Testgraphen die Vorgehensweise beim Test, das Diagnosekonzept, bekannt sein. Es sind zwei prinzipielle Vorgehensweisen zu unterscheiden. Eine besteht darin, die Auswertung der Testergebnisse in einer einzigen Einheit vorzunehmen (zentrale Diagnose). Voraussetzung dafür ist, daß diese Einheit eine wesentlich höhere Zuverlässigkeit als der Rest des Systems aufweist. Die zweite Möglichkeit fordert das Auswerten von Diagnoseergebnissen in jeder Einheit. Somit ist bei diesem Konzept (verteilte Diagnose) jeder intakten Einheit der Zustand des Gesamtsystems bekannt. Die beiden Diagnosekonzepte sollen anschließend genauer betrachtet werden.

4.2.1.1 Zentrale Diagnose

Es wird bei diesem Konzept eine Einheit in der CNC vorausgesetzt, die den gesamten Testablauf steuert und die Ergebnisse auswertet. Hinsichtlich des Testablaufes kann unterschieden werden ob, ein Testurteil (Einheit intakt/defekt) durch eine einzige Testfolge gefällt werden soll oder dafür mehrere Testfolgen ablaufen, an deren Ende jeweils als defekt erkannte Einheiten vom weiteren Testablauf ausgeschlossen werden.

Durch die Anwendung graphentheoretischer Verfahren kann gezeigt werden, daß die Zahl der maximal erkennbaren defekten Einheiten bei beiden Vorgehensweisen unterschiedlich ist. Zur Unterscheidung wird im folgenden für den ersten Fall von Diagnostizierbarkeit und im zweiten Fall von sequentieller Diagnostizierbarkeit gesprochen. Die Diagnostizierbarkeit D hängt nur von der Struktur des Testgraphen ab. Es gilt nach /47/:

> Ein System aus n Einheiten, von denen keine sich selbst testet, ist diagnostizierbar (Bild 4.12), wenn
>
> 1. $D \leq \frac{1}{2}(n-1)$ und (4.3)
> 2. jede Einheit von wenigstens D anderen getestet wird.

Die erste Bedingung ist notwendig für sequentielle Diagnostizierbarkeit und die zweite auch hinreichend für die Diagnostizierbarkeit, wenn sich keine zwei Einheiten gegenseitig testen. Beschränkt man sich auf streng zusammenhängende Testgraphen, d.h. es existiert von jedem Knoten zu jedem anderen wenigstens

Anzahl der Einheiten: n = 5

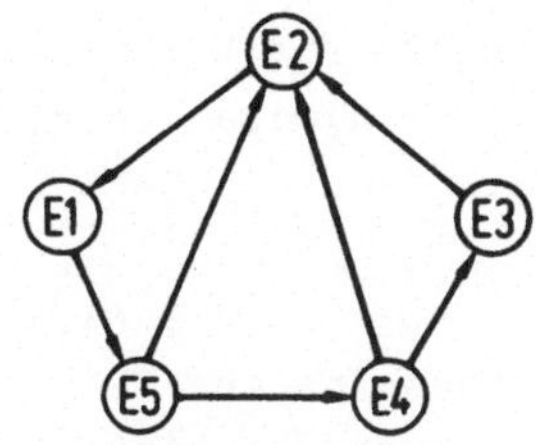

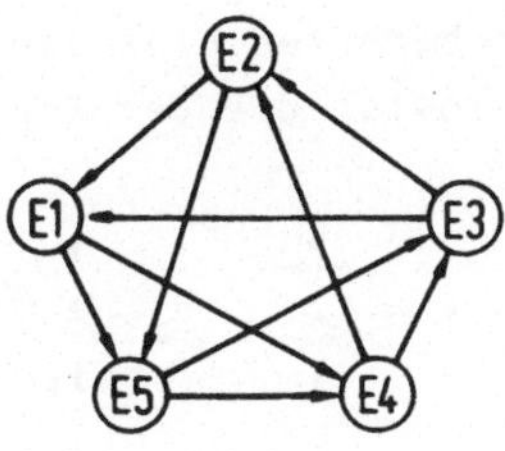

D = 1 wegen Bedingung 2 D = 2

Diagnostizierbarkeit D : 1. $D \leq \frac{1}{2}(n-1)$

2. Jede Einheit muß von mindestens D anderen getestet werden

Bild 4.12: Beispiele zur Diagnostizierbarkeit D

ein Weg, so gilt für die sequentielle Diagnostizierbarkeit eines Systems aus mindestens zwei Einheiten nach /21/:

$$\left[\frac{D+2}{2} \right]^2 = n-1 \qquad (4.4)$$

mit D: natürliche Zahl
: ganzzahliger Wert des Klammerausdrucks

Aus (4.4) läßt sich die Anzahl der maximal zulässigen defekten Einheiten in Abhängigkeit von der Gesamtzahl n der Einheiten des Systems bestimmen (Tabelle 4.1).

n	2	3	4	5	6	7	8	9	10
D	0	1	1	2	2	3	3	3	4

Tabelle 4.1: Sequentielle Diagnostizierbarkeit bei streng zusammenhängenden Testgraphen

Wie schon früher ausgeführt wurde, ist beim Entwurf eines Diagnosekonzeptes die Frage des Testaufwandes von Bedeutung. Hier bedeutet dies zweierlei: zum einen sollte die Gesamtzahl der Tests, die der Kantenanzahl V entspricht, minimal sein, d.h.

$$V = \sum_{i=1}^{n} d_i^+ \overset{!}{=} \text{Minimum} \qquad (4.5)$$

mit d^+ = Ausgangsgrad eines Knotens (Zahl der auslaufenden Kanten)

und zum anderen sollte die maximale Anzahl der Einzeltests jeder Einheit aus Zeitgründen minimal sein. Damit diese Forderungen erfüllt sind, muß der Testgraph die folgenden Bedingungen erfüllen /47/ :

1. $n \geq 3$, (4.6)
2. $(E_i E_j) \in V$ dann und nur dann, wenn $i-j = m(\text{mod } n)$ ist, mit $m = 1,2 \ldots D$,
3. $D \leq \frac{1}{2}(n-1)$.

Übertragen auf die Testgraphen von CNC in den Bildern 4.10 und 4.11 können daraus folgende Schlüsse gezogen werden: Ist der Datentransfer zwischen dem zentralen Mikrorechner und den anderen Mikrorechnermodulen nur in einer Richtung möglich, so kann keine defekte Einheit lokalisiert werden (D = 0). Hat der Testgraph eine sternförmige Struktur (Variante b) in Bild 4.11), so kann maximal eine defekte Einheit lokalisiert werden (D = 1). Dies gilt auch bei einer Erhöhung der Anzahl der Einheiten wegen der Bedingung 2 in Gleichung 4.3.

Führt man die Lokalisierung in mehreren Schritten durch und entfernt bei jedem Schritt die erkannte defekte Einheit, so gibt wie beschrieben die sequentielle Diagnostizierbarkeit die maximale Anzahl der lokalisierbaren defekten Einheiten an. Nach Tabelle 4.1 für streng zusammenhängende Testgraphen, wie es hier der Fall ist, sind bei dieser Vorgehensweise mindestens fünf Einheiten nötig, um zwei defekte Einheiten lokalisieren zu können.

Die CNC-Struktur des Typs 3 ermöglicht die meisten Testgraphenvarianten. Charakteristisch sind Varianten b),c) und d) in Bild 4.11, bei denen überall D = 1 ist. Variante b) nutzt die Kommunikationsmöglichkeiten voll aus, erreicht aber trotz hohem Aufwand für den gegenseitigen Test auch nur D = 1. Die Sternstruktur in d) ist aus Bild 4.10 bekannt. Interessant ist die Variante c), die nach Gleichung 4.6 einen minimalen Testaufwand darstellt. Eine Erhöhung von D läßt sich nach Gleichung 4.4 generell durch Verwendung einer größeren Anzahl von Einheiten erreichen.

4.2.1.2 Verteilte Diagnose

Auch bei diesem Konzept wird von intelligenten Einheiten ausgegangen, die sich gegenseitig testen können. Im Gegensatz zur zentralen Diagnose sind hier alle intakten Einheiten in der Lage, den Zustand des Systems zu bestimmen. Die Fehlerbewertung und das eventuelle Einleiten von Reaktionen können deshalb direkt von jeder intakten Einheit vorgenommen werden. Es gelten im wesentlichen die aus Kapitel 4.2.1.1 bekannten Grundlagen. Der Testablauf soll in "Testrunden" erfolgen, an deren Ende die Auswertung der Ergebnisse steht. Es wird angenommen, daß während der Durchführung der Tests keine Einheiten ausfallen.

Eine wesentliche Eigenschaft dieses Diagnosekonzeptes besteht darin, daß Einheiten die Testergebnisse an anderer Einheiten weitergeben. Testergebnisse können also auf direktem Weg (Nachbarschaftsdiagnose) oder indirektem Weg durch Weitergabe erhalten werden. Eine Einheit kann somit nur den Testergebnissen der direkten Nachbarn glauben, da indirekt weitergegebene Testergebnisse von defekten Nachbarn verfälscht werden können. Damit eine intakte Einheit Informationen einer anderen intakten Einheit erhalten kann, muß deshalb in dem System ein Pfad aus solchen Einheiten vorhanden sein. Es darf deshalb eine Höchstzahl defekter Einheiten nicht überschritten werden, damit das System diagnostizierbar ist. Als Maß hierfür gilt wieder die Diagnostizierbarkeit D, deren Bedeutung identisch mit der aus Kapitel 4.1.1.1 ist.

In /48/ wird bewiesen, daß die Diagnostizierbarkeit nur von der Struktur des Testgraphen abhängt. Es gilt der Satz:

Ein System zur verteilten Diagnose mit dem Testgraphen G und den beschriebenen Voraussetzungen, ist diagnostizierbar, wenn $Z(G) \geq D$ ist (Bild 4.13).
mit Z = Zusammenhangsgrad von G, d.h. der minimalen Anzahl von Knoten, die entfernt werden müssen, damit der Graph nicht mehr streng zusammenhängend ist.

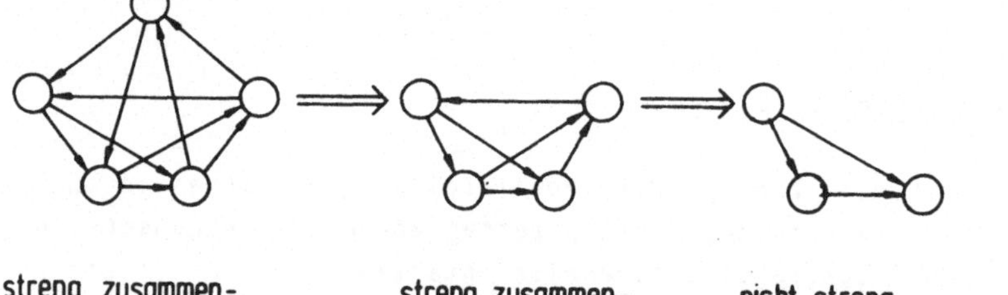

Bild 4.13: Zusammenhangsgrad eines Testgraphen (Beispiel)

Unter bestimmten Bedingungen können auch defekte Verbindungen erkannt werden:

- Alle Einheiten testen sich gegenseitig.
- Die Summe aus defekten Einheiten und Verbindungen ist $\leq Z$.
- Die defekte Verbindung führt nicht zur defekten Einheit.

Mit Hilfe dieser Sätze ist es möglich, die Systemarchitektur bezüglich der notwendigen Testverbindungen zu optimieren. Es können unter Umständen nämlich Kanten des Testgraphen entfernt werden, ohne daß sich sein Zusammenhangsgrad ändert. Eventuell müssen dann nicht mehr alle Kommunikationsmöglichkeiten zwischen den Einheiten zur Durchführung von Tests benutzt werden.

Betrachtet man die in den Bildern 4.10 und 4.11 dargestellten

Testgraphen, so stellt man fest, daß aufgrund des geforderten Zusammenhangsgrades bei diesen Testgraphen die Werte für D identisch mit denen der zentralen Diagnose sind. Läßt man im Testgraph b) in Bild 4.11 die Einheit "BE" außer Betracht, so gilt K= 3, und es können deshalb dann bis zu drei Einheiten ausfallen, damit noch jede intakte Einheit den Systemzustand feststellen kann. Dafür wird aber auch eine CNC-Struktur mit umfangreichen Kommunikationsmöglichkeiten und somit auch Testverbindungen vorausgesetzt.

Zusammenfassend zu diesem Kapitel kann festgestellt werden, daß mit Hilfe der ermittelten Diagnosemodelle, dargestellt durch Diagnosestruktur und Testgraph, die zwei prinzipiellen Vorgehensweisen zur Diagnose auf Systemebene (Bild 4.14) beschrieben werden können. Es lassen sich damit sowohl Aussagen bezüglich der Diagnostizierbarkeit von defekten Einheiten als auch Hinweise für eine diagnosegeeignete interne Struktur ableiten.

Die Realisierung der Testverbindungen zwischen den Einheiten, basierend auf den Kommunikationsmöglichkeiten zwischen ihnen, ist entscheidend für die Diagnostizierbarkeit des Systems. Voraussetzung dafür ist ein ungestörter Datenaustausch zwischen den Mikrorechnermodulen. Beim Entwurf zukünftiger numerischer Steuerungen sind deshalb zusätzliche Verbindungen zwischen den Einheiten für Diagnosezwecke sinnvoll. Eine mögliche Realisierung wäre ein Seriellbus, über den alle Einheiten verbunden sind.

Wie schon in Kapitel 4.2.1 gefordert, besteht eine andere Möglichkeit in der Überwachung des Datenaustausches über den die Einheiten verbindenden Mikrorechnerbus. Damit kann der für eine korrekte Diagnose notwendige Bestand der Testverbindungen gewährleistet werden.

4.2.2 Betrachtung auf Modulebene

Bei der Betrachtung auf Systemebene (vgl. Bild 4.3) wurde davon ausgegangen, daß die Mikrorechnermodule der CNC gegenseitig feststellen können, ob sie intakt oder defekt sind. Im folgenden soll anhand eines Funktionsmodells für die CNC eine Vorgehensweise

Merkmale		Diagnosekonzept: Zentrale Diagnose	Diagnosekonzept: Verteilte Diagnose
	Durchführung der Diagnose	Spezielle Diagnoseeinheit	Jede Systemeinheit
	Voraus-setzungen	Fehlerfreie Diagnoseeinheit	Jede Einheit kann Testurteile aller anderen Einheiten erhalten
	Diagnose-struktur	eingeschränkt	beliebig
	Testgraph	gerichtet	
	-Knoten:	Systemeinheiten, die den Zustand anderer Einheiten bestimmen können	
	-Kanten:	Testverbindungen (Informationspfade zur Aktivierung von Tests und Abfrage von Testergebnissen in anderen Einheiten)	

Bild 4.14: Gegenüberstellung von Merkmalen der Diagnosekonzepte

entworfen werden, mit der die benötigten Informationen zur Erstellung von Testprogrammen gewonnen werden können, die zum Funktionsnachweis der Baugruppen auf Modulebene nötig sind.

4.2.2.1 Funktionsmodell einer CNC

Numerische Steuerungen unterscheiden sich sowohl hinsichtlich der Struktur als auch des Funktionsumfanges. Es gibt jedoch Grundfunktionen, die allen gemeinsam sind. In /41/ wurden diese ermittelt und zu fünf Blöcken zusammengefaßt, die als Funktionsblöcke (FB) bezeichnet werden. Ein Funktionsblock soll

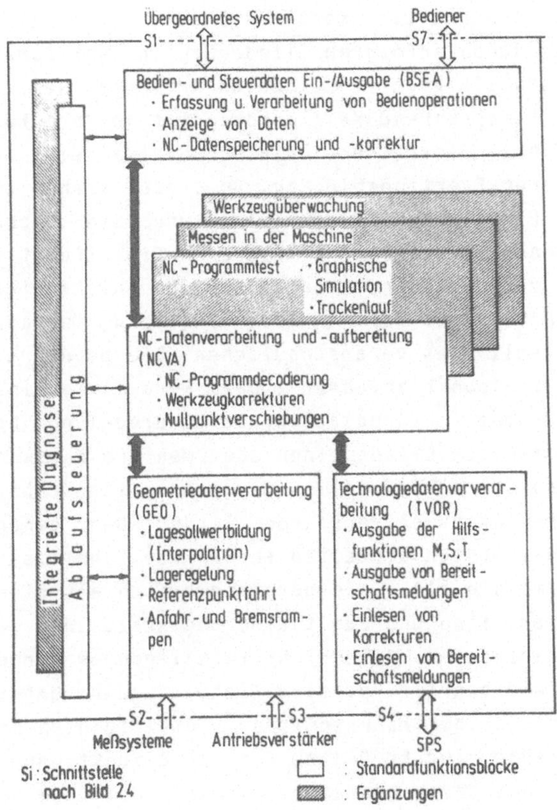

Bild 4.15: Funktionale Gliederung einer CNC in Funktionsblöcke

im folgenden alle Hardware- und Softwarebausteine umfassen, die zur Erfüllung der vorgegebenen Funktionen notwendig sind. In Anlehnung an /41/ zeigt das Bild 4.15 ein Funktionsmodell mit diesen Funktionsblöcken mit Grundfunktionen sowie einige optionale Funktionsblöcke. Je nach Einsatzbereich und Ausbaustufe kann eine CNC aus weiteren Funktionsblöcken bestehen.

Im Hinblick auf konfigurierbare Steuerungen und Fehlerdiagnose ist eine hierarchisch modulare Struktur der CNC vorteilhaft. Nach der schon erfolgten Gliederung in Funktionsblöcke sollen diese deshalb nach funktionalen Kriterien weiter unterteilt werden. Entsprechend /41/ werden zwei weitere Funktionsebenen eingeführt. Jeder Funktionsblock besitzt eine Schnittstelle zu anderen Funktionsblöcken. An dieser stehen sogenannte beauftragbare Funktionen (BF) zur Verfügung. Sie setzen sich ihrerseits wieder aus einer oder mehreren Einzelfunktionen (EF) zusammen, die von der Schnittstelle aus aber nicht direkt zugänglich sind. Ein Beispiel für den Funktionsblock "Geometriedatenverarbeitung" soll dies veranschaulichen. Die beauftragbare Funktion sei "Zielpunkt anfahren". Dazu werden die Einzelfunktionen "Anfahrrampe, Interpolation und Lageregelung" benötigt.

Ein Funktionsblock umfaßt einen oder mehrere Hardwaremodule. Gerätetechnisch betrachtet sollen darunter austauschbare Einheiten (Elektronikkarten) verstanden werden. Dazu gehören die bekannten intelligenten Einheiten ebenso wie Schnittstellenmodule, Speichermodule etc., die gerätetechnisch als Elektronikkarten realisiert sind und damit eine abgeschlossene austauschbare Einheit darstellen. Alle nicht intelligenten Einheiten sollen unter dem Überbegriff "passive Einheit" zusammengefaßt werden. Ein Funktionsblock kann somit aus intelligenten und passiven Einheiten bestehen. Zur Erfüllung der Einzelfunktionen des Funktionsblocks werden davon bestimmte Hardwaresubmodule benötigt ebenso wie auch Softwaremodule, die sich auf den Hardwaremodulen z.B. in Form von auf EPROM gespeicherten Programmem befinden. Diese Zusammenhänge sind im Bild 4.16 dargestellt.

Wie schon dargelegt wurde, ist zur Diagnose auf Systemebene ein Funktionsnachweis der intelligenten Einheiten wichtig. Dazu muß eine Zuordnung von Funktionsblöcken zu diesen vorgenommen werden, wobei eine intelligente Einheit auch mehrere Funktionsblöcke enthalten kann. Anhand des obigen Gliederungsschemas können dann die zur Funktionsfähigkeit einer Einheit notwendigen Teile der CNC bestimmt werden. Eine für die Diagnose geeignete Darstellungsform wird im nächsten Kapitel entwickelt.

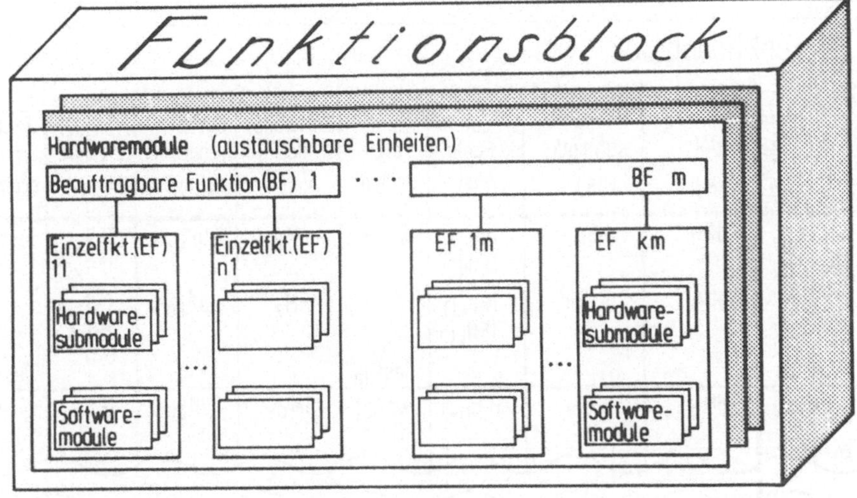

Bild 4.16: Funktionale Gliederung eines Funktionsblocks

4.2.2.2 Definition von Fehlermatrizen

Wurden die benötigten Funktionen wie beschrieben ermittelt, sind im nächsten Schritt Tests zum Nachweis der Funktionserfüllung zu entwerfen. - Betrachtet man die physikalischen Realisierungen, so ist eine weitere Unterteilung der für die Tests benötigten Hardware- und Softwarebausteine sinnvoll. Ein Schema hierfür ist im Bild 4.17 dargestellt. Neben den bekannten Hardwaremodulen, gleichbedeutend mit austauschbaren Einheiten, sind darin noch Hardwaresubmodule und Testfunktionen aufgeführt. Ein Hardwaresubmodul kann z.B. eine Speichereinheit eines Mikrorechnermoduls sein. Testfunktionen dafür sind die Selektion des Speicherbereiches, das Datenlesen und -schreiben. Für den Nachweis dieser Funktionen sind dann ein oder mehrere Tests zu entwerfen.

Funktionsblock										
		Hardwarediagnose				Softwarediagnose				
Beauftragbare Funktion (BF)	Einzel-funktion (EF)	Hardware-modul (HM)	Hardware-submodul (HS)	zu testen-de Funkt. (TFH)	Test-pro-gramm	Software-modul (SM)	Unter-programm (UP)	zu testen-de Funkt. (TFS)	Test-pro-gramm
BF 1	EF 11 ... EF n1	HM_i : HM_k : :	HS_{ij} : HS_{kl} : :	TFH_{ij1} TFH_{ij2} TFH_{kl1} TFH_{kl2} :	$Test_{11}$: : : $Test_{1m}$	SM_x : SM_z : :	UP_{xy} : UP_{za} : :	TFS_{xy1} TFS_{xy2} TFS_{za1} TFS_{za2} :	$Test_{11}$: : : $Test_{1m}$
BF 2	EF 21	HM_u :	HS_{uv} :	TFH_{uv1} :	$Test_{21}$:	SM_b :	UP_{bc} :	TFS_{bc1} :	$Test_{21}$:
BF m	EF 1m	:	:	:	:	:	:	:	:

Bild 4.17: Schema zur Ermittlung von Tests für die CNC

Neben der Diagnose der Hardware ist auch eine Softwarediagnose notwendig (konfigurierbare Steuerungen). Dafür wird das gleiche Schema verwendet (Bild 4.18). Die austauschbare Einheit ist hier ein kompletter Softwaremodul, der aus einer Anzahl von Programmen besteht. Diese müssen entsprechend der Softwarestruktur gewisse Funktionen erfüllen, zu deren Nachweis wieder Testprogramme zu erstellen sind.

Mit Hilfe des integrierten Überwachungs- und Diagnosesystems soll der Funktionsnachweis für einen festgelegten Anwendungsfall (Fehlererkennung) und die Bestimmung von austauschbaren defekten Einheiten (Fehlerlokalisierung), d.h. Hardware- und Softwaremodulen, mit anschließender Fehlerbewertung möglich sein. Die beschriebene Vorgehensweise ist dafür ein Hilfsmittel bei einer Betrachtung auf Modulebene. Sie erleichtert die Bestimmung des zu testenden Funktionsumfangs. Voraussetzung ist jedoch eine modulare Hardware- und Softwarestruktur innerhalb eines Moduls der CNC.

Zur rechnerinternen Verarbeitung ist eine komprimierte Darstellung der Informationen aus Bild 4.17 notwendig. Günstig ist eine Darstellungsweise in Form einer Matrix (Fehlermatrix). Sie

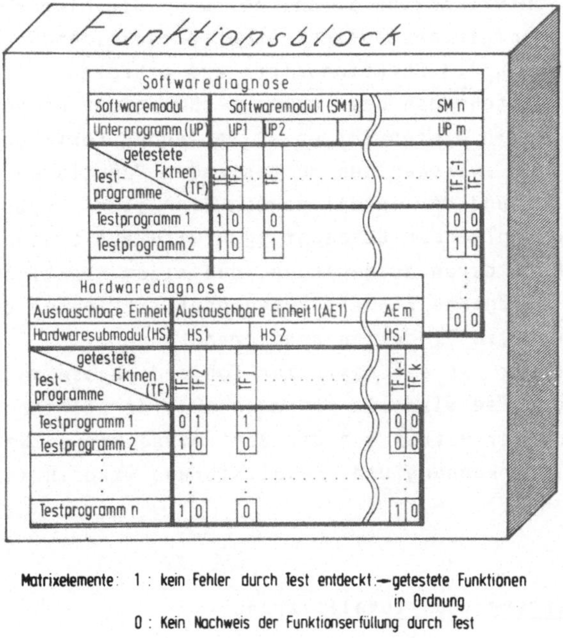

Matrixelemente: 1 : kein Fehler durch Test entdeckt → getestete Funktionen in Ordnung
0 : Kein Nachweis der Funktionserfüllung durch Test

Bild 4.18: Zuordnung von getesteten Funktionen der CNC zu Testprogrammen (Fehlermatrizen)

enthält horizontal die Testprogramme (Bild 4.18) und vertikal die auf der austauschbaren Einheit zu testenden Funktionen, welche gleichbedeutend mit Fehlern im Sinne der Definition aus Kapitel 2.1 sind. Eine "Eins" eines Matrixelementes soll bedeuten, daß durch das dieser Zeile zugeordnete Testprogramm der durch die Matrixspalte festgelegte Fehler entdeckt wird. Zusätzlich ist aus Bild 4.18 noch die Zuordnung von Funktionen zu Hardwaresubmodulen und austauschbaren Einheiten ersichtlich.

Die vorgeschlagene Ermittlung von Tests ebenso wie die Erstellung der Fehlermatrix erfolgen anhand einer funktionalen Betrachtungsweise. Wie gezeigt, sind für die Diagnose auf Systemebene die intelligenten Einheiten, d.h. die Mikrorechnermodule mit Kommunikationsmöglichkeiten, entscheidend. Im allgemeinen Fall kann ein Funktionsblock aus mehreren intelligenten Einheiten bestehenden oder eine solche umfaßt mehrere Funktionsblöcke. Die in diesen Fällen zu testenden Funktionen können als Schnittmengen zwischen den zu testenden Funktionen jedes Funktionsblockes und den intelligenten Einheiten dargestellt werden. Bei den folgenden Betrachtungen wird aus Gründen der Übersichtlichkeit davon ausgegangen, daß einem Funktionsblock genau eine intelligente Einheit zugeordnet ist, unter Umständen aber mehrere passive Einheiten angehören können.

Die Fehlermatrix ist die Basis zur Fehlerdiagnose auf Modulebene. Normalerweise wird sie redundante Informationen enthalten. Die Reduzierung der Matrix und die Bestimmung der notwendigen Tests zur Fehlererkennung und -lokalisierung wird in Kapitel 4.3.2 behandelt.

4.3 Fehlererkennung und -lokalisierung

Nach dem für die beiden definierten Diagnoseebenen erfolgten Entwurf von Diagnosemodellen für die CNC, soll nun auf die Verwendung dieser Modelle zur Fehlererkennung und -lokalisierung eingegangen werden.

4.3.1 Anwendung der zentralen Diagnose

Erfüllt der Testgraph des Diagnosemodells einer CNC die Bedingung (4.3), so lassen sich aus den Testergebnissen neben der Erkenntnis, daß defekte Einheiten im System sind, auch die defekten

Einheiten selbst lokalisieren, sofern nicht mehr als D Einheiten ausgefallen sind. - Unter der Voraussetzung, daß nur die Testergebnisse intakter Einheiten vertrauenswürdig sind (Bild 4.9), können alle denkbaren Zustände und Testurteile einer Einheit E_i über E_k durch folgende boolesche Gleichung beschrieben werden:

$$(t_{ik} \cdot x_i \cdot x_k)+(\bar{t}_{ik} \cdot x_i \cdot \bar{x}_k)+(t_{ik} \cdot \bar{x}_i \cdot x_k) \\ +(\bar{t}_{ik} \cdot \bar{x}_i \cdot x_k)+(t_{ik} \cdot \bar{x}_i \cdot \bar{x}_k)+(\bar{t}_{ik} \cdot \bar{x}_i \cdot \bar{x}_k) = 1 \qquad (4.7)$$

mit t_{ik} = Testergebnis der Einheit i über Einheit k
x_i = wahrer Zustand von Einheit i
x_k = " " " " k

Diese Gleichung muß für alle Testbeziehungen zwischen zwei Einheiten des Testgraphen erfüllt sein. Nach einigen Umformungen ergibt sich somit:

$$\prod_{V}^{B} t_{ik} (x_k + \bar{x}_i) + \bar{t}_{ik} (\bar{x}_k + \bar{x}_i) = 1 \qquad (4.8)$$

V: Kanten des Testgraphen
B: Boolesches Produkt

Die Lösungen von Gleichung (4.8) umfassen alle Kombinationen von möglichen wahren Systemzuständen, die zu den angenommenen Testergebnissen führen. Unter diesen Lösungen ist diejenige die gesuchte, bei der weniger oder höchstens D Einheiten defekt sind. Die Gleichung (4.8) gestattet also defekte Einheiten einzig aus den Testergebnissen zu bestimmen.

Zur Auswertung der Testergebnisse in einem Mikrorechner der CNC ist es einfacher nicht die Gleichung (4.8) auszuwerten, sondern einen Algorithmus zu entwerfen, der die Kenntnis der Struktur des Testgraphen ausnutzt. Hierbei kann das folgende Prinzip zugrundegelegt werden:

- Initialisierung: Speicherung aller benötigten Informationen, die den korrekten Systemzustand kennzeichnen, d.h. vorhandene Einheiten und Testverbindungen zwischen ihnen

- Ausgabe der Testaufträge und Sammeln der Testergebnisse,
- Aufstellen von Listen, die den Systemzustand aus der Sicht jeder Einheit über alle anderen Einheiten aufgrund der Testergebnisse beschreiben. Das Urteil einer als defekt beurteilten Einheit ist dabei nicht zu berücksichtigen, sondern es ist, wenn bei dem betrachteten Testgraphen möglich, eine andere Testbeziehung zu nutzen.
- Vergleich der erstellten Listen. Es müssen mindestens n-D Listen identisch sein, da nach Voraussetzung höchstens D Einheiten defekt sein können. Aus dem Vergleich der Listen sind dann die defekten Einheiten bestimmbar.

In Kapitel 6.2 wird ein erprobter Algorithmus nach diesem Konzept beschrieben.

4.3.2 Anwendung der verteilten Diagnose

Die Bedingung für die Diagnostizierbarkeit aus Kapitel 4.2.1.2 ist hier ebenso nur von der Struktur des Testgraphen und nicht vom Diagnosealgorithmus abhängig. Bei der Realisisierung eines solchen Algorithmus, der in jeder Einheit ablaufen muß, ist aber prinzipiell die nachfolgend beschriebene Vorgehensweise einzuhalten:

- Initialisierung: dto. Kapitel 4.3.1,
- Selbstdiagnose innerhalb einer Einheit; Bei erkanntem Defekt dürfen keine weiteren Aktionen von ihr durchgeführt werden,
- Nachbarschaftsdiagnose (Diagnose aller Nachbareinheiten, zu denen direkte Testverbindungen bestehen),
- Weitergabe von Testergebnissen an alle Einheiten, welche die Einheit testen,
- Übernahme der Testergebnisse von Einheiten, die als intakt erkannt wurden und zu denen eine direkte Testverbindung besteht,
- Auswertung der Ergebnisse und Bestimmung eventueller

defekter Einheiten,

- Mitteilung der Testergebnisse an die Einheiten, zu denen keine Testverbindungen bestehen (indirekte Weitergabe von Testergebnissen).

Die Testausführung, speziell die Synchronisation des Datenaustausches zwischen den Einheiten hängt von der physikalischen Realisierung der Einheiten und Testverbindungen ab und läßt sich nicht allgemein behandeln. Die Darstellung und Auswertung der Testergebnisse kann günstig durch Matrizen erfolgen. Sie sind in jeder intakten Einheit nach Ende der Testausführung enthalten. Durch Vergleich der beiden Matrizen lassen sich fehlerhafte Einheiten bestimmen.

4.3.3 Auswertung von Fehlermatrizen

Zur Diagnose auf Modulebene können die in Kapitel 4.2.2.1 eingeführten Fehlermatrizen verwendet werden. In diesem Zusammenhang ergeben sich zwei grundlegende Fragestellungen:

1. Das Finden der minimal notwendigen Tests, um den fehlerfreien Fall, d.h. die Erfüllung aller Testfunktionen, von sämtlichen Fehlerfällen unterscheiden zu können (Fehlererkennung).
2. Das Finden der notwendigen Tests, um sämtliche Fehlerfälle untereinander unterscheiden zu können (Fehlerlokalisierung).

Lösungswege für diese beiden Aufgaben werden in dem nächsten Kapitel aufgezeigt.

4.3.3.1 Bestimmung von Mindesttestmengen

Im Idealfall ist der Funktionsnachweis für jede nach Bild 4.18 zu überwachende Testfunktion durch genau einen zugehörigen Test möglich. Das ist in der Praxis nicht gegeben, da bei einem Test in der Regel ein größerer Funktionsumfang überprüft werden muß und damit ein Test mehrere Funktionen einschließt. Dies kann dazu führen, daß Funktionen von mehr als einem Testprogramm geprüft werden und damit unter Umständen nicht alle nach der beschriebenen Vorgehensweise ermittelten Tests notwendig sind.

Fehlererkennung

Die eigentliche Fehlermatrix, in Bild 4.18 eingerahmt, kann auf formalem Wege reduziert werden. Es genügt, jede zu testende Funktion durch nur einen Test zu überprüfen. Deshalb können unter Umständen Tests entfallen. Somit gilt:

$$Z_j \cdot Z_k = Z_j \quad \text{für } j \neq k \qquad (4.9)$$

und Z = Matrixzeile in Bild 4.18

Aus dieser verkleinerten Matrix können die minimal notwendigen Tests zur Fehlererkennung durch Lösung einer booleschen Gleichung bestimmt werden. Sie läßt sich folgendermaßen aufstellen:

- Die den Matrixelementen mit "1" zugeordneten Tests werden disjunktiv verknüpft (es genügt ein Test für eine zu testende Funktion),
- die disjunktiv verknüpften Tests aller Spalten werden konjunktiv verknüpft (jede zu testende Funktion muß mindestens einmal erfaßt werden).

Werden die so ermittelten Tests angewendet, ist nach deren Beendigung und Auswertung der Ergebnisse bekannt, ob die Einheit intakt oder defekt ist. Die Reihenfolge beim Ablauf spielt hierbei keine Rolle.

Fehlerlokalisierung

Das Ziel der Fehlerlokalisierung mit Hilfe der Fehlermatrix nach Bild 4.18 ist zunächst die Lokalisierung der entsprechenden Funktionen. Dazu müssen sich die Spalten der Fehlermatrix unterscheiden. Bildet man paarweise die Antivalenzen aller Spalten untereinander, so erhält man die unterscheidbaren Funktionen (Fehler). Aus dieser Matrix können dann, wie vorher beschrieben, die notwendigen Tests, aber hier zur Fehlerlokalisierung, bestimmt werden.

Die Bestimmung von defekten austauschbaren Hardware- und Softwareeinheiten der CNC kann als eine stufenweise Abbildung, zunächst von Fehlermustern auf zu testende Funktionen und dann von diesen auf austauschbare Einheiten dargestellt werden. Als Fehlermuster dienen die Spalten der Fehlermatrix. Durch Vergleich der Testergebnisse mit diesen Spalten können die Funktionen ermittelt werden, wobei die Abbildung Fehlermuster→ Funktionen nicht eindeutig zu sein braucht. Es können z.B. gleiche Fehlermuster zu unterschiedlichen getesteten Funktionen gehören (Fehlermuster TF2 und TFk-1 in Bild 4.19), die ihrerseits verschiedenen austauschbaren Einheiten zugeordnet sind (AE1 und AEm).

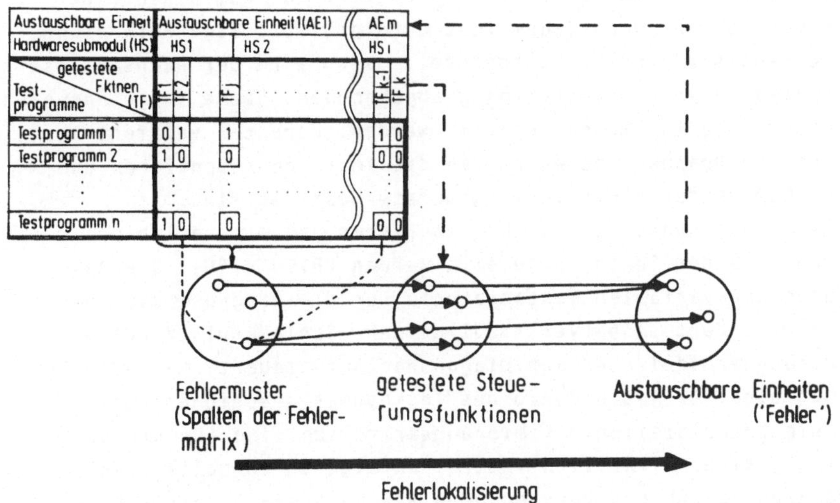

Bild 4.19: Fehlerlokalisierung auf Modulebene

Bisher wurde davon ausgegangen, daß sowohl zur Fehlererkennung als auch zur Lokalisierung austauschbarer Einheiten, alle Tests durchgeführt werden, bevor eine Auswertung erfolgt. Die Belastung der CNC durch Diagnoseaufgaben sollte aber möglichst gering sein. Es werden deshalb nachfolgend Möglichkeiten zur Optimierung des Testablaufes kurz diskutiert.

4.3.3.2 Optimierung des Testablaufes

Zur Optimierung kommen folgende prinzipielle Kriterien in Betracht:

- Der Testaufwand (Zeitdauer, Vorbereitungen etc.),
- der Informationsgehalt der Tests,
- die Anzahl der notwendigen Entscheidungen bzw. Tests bis zur Lokalisierung.

Anhand dieser Kriterien kann eine optimierte Testreihenfolge bestimmt werden. Nach jedem Test erfolgt jetzt eine Auswertung der Ergebnisse, und in Abhängigkeit davon wird der nächste Test festgelegt oder der Testvorgang abgebrochen. Diese Vorgehensweise kann durch Testbäume dargestellt werden. Darunter versteht man gerichtete Graphen, deren Knoten die Tests repräsentieren und deren Kanten durch die Testergebnisse bestimmt sind.

Testbäume können in solche mit fester und mit variabler Reihenfolge der Tests aufgeteilt werden (Bild 4.20). Die Anwendung der variablen Teststrategie für die Diagnose auf Modulebene erfordert selbstverständlich mehr Speicherplatz auf dem Mikrorechnermodul, der den Diagnoseablauf steuert, weil die Testreihenfolge für jeden Zweig des Testbaumes gespeichert sein muß.

Die prinzipiellen Optimierungskriterien sind für die Bestimmung einer effektiven Testreihenfolge zu formalisieren. Ihre Eignung für den vorstehenden Anwendungsfall soll kurz diskutiert werden.

Der wesentliche Gedanke bei der Bestimmung der Testreihenfolge anhand des Testaufwandes ist, die Testauswahl von einem

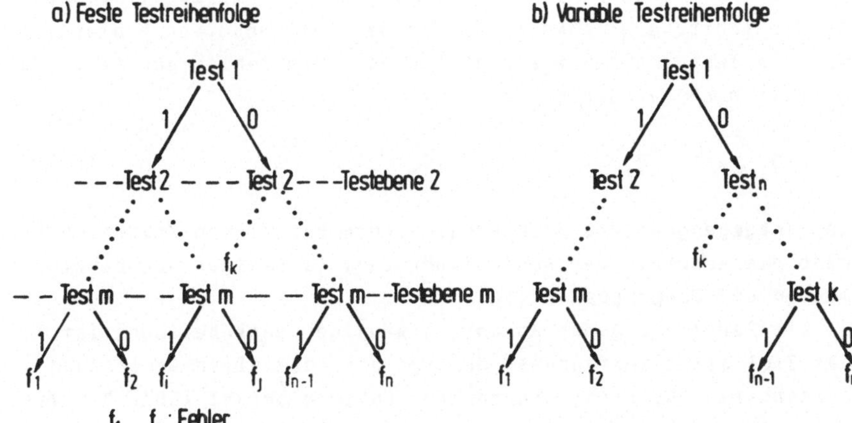

Bild 4.20: Testbäume für variable und feste Testreihenfolge

Gewichtsfaktor g_i abhängig zu machen, der den Aufwand und die Wahrscheinlichkeit ein fehlerhaftes Element zu entdecken berücksichtigt:

$$g_i = \frac{A_i}{Q_i} \qquad (4.10)$$

A_i: Aufwand für Test i

Q_i: Wahrscheinlichkeit des Ausfalls der damit geprüften Elemente

Das Ziel ist hierbei, g_i minimal zu machen.- Ein großes Problem bei der praktischen Anwendung dieses Kriteriums ist die Ermittlung der Ausfallwahrscheinlichkeiten, speziell bei neuen Produkten oder komplexen Baugruppen, z.B. hochintegrierten elektronischen Bauelementen wie Mikroprozessoren, Schnittstellenbausteine, Speichern etc..

Der mittlere Informationsgehalt H_i eines Tests i kann auch als Entscheidungskriterium dienen. Er berechnet sich aus:

$$H_i = P_i \log P_i + Q_i \log Q_i \qquad (4.11)$$

Hierbei ist unter P_i die Wahrscheinlichkeit zu verstehen, daß der Test i keinen Fehler entdeckt. Anders formuliert, bedeutet P_i die Wahrscheinlichkeit, daß in der Teilmenge von Fehlern, die von Test i erkannt werden können, kein Fehler auftritt. Für Q_i gilt nach der Beziehung:

$$Q_i = 1 - P_i \qquad (4.12)$$

der entgegengesetzte Sachverhalt. Auch bei diesem Kriterium ist also die Kenntnis der Ausfallwahrscheinlichkeiten von Bauelementen und Baugruppen nötig.

Die Reduzierung der Anzahl notwendiger Entscheiungen ist das Ziel eines Verfahrens, das auf der speziellen Gewichtung von erkennbaren und nicht erkennbaren Fehlern beruht /50/. Die Testreihenfolge wird hierbei von einem Gewichtsfaktor bestimmt, der sich berechnet aus:

$$w_i = n_i^1 \cdot n_i^0 \quad \text{mit } n_i^1 : \text{Anzahl der Fehler, die Test i erkennt}$$
$$n_i^0 : \text{... nicht erkennt.} \qquad (4.13)$$

Die Tests sind dann in der Reihenfolge ihrer Gewichte abzuarbeiten. Dieses Kriterium ist besonders für die Optimierung des Testablaufes auf Modulebene geeignet, da alle Informationen zur Berechnung des Gewichtsfaktors in der Fehlermatrix aus Kapitel 4.2.2.2 enthalten sind.

4.4 Fehlerbewertung

Die verschiedenartigen Komponenten einer CNC bedingen die Möglichkeit des Auftretens einer Vielzahl unterschiedlicher Fehler. Für die Fehlerbewertung, ist eine Zusammenfassung der Fehler zu Fehlerklassen sinnvoll. Dies ist zum einen aus Aufwandsgründen günstig, da nicht für jeden einzelnen Fehler die zugehörigen Reaktionen gespeichert werden müssen, zum anderen wird die Fehlerverarbeitung dadurch transparenter.

Das Bild 4.21 zeigt ein Fehlerklassifizierungsschema für die CNC mit vier Fehlertypen. Es kann auf steuerungsinterne und steuerungsexterne Fehler angewendet werden. Beispielhaft sind im Bild 4.21 auch mögliche Reaktionen der CNC bei Fehlern einer

Fehlerklasse	Fehlerbewertung Allgemein	Fehlerbewertung CNC spezifisch	Mögliche Reaktionen in der CNC	Beispiele für Fehlerursachen
I	Fehler kann toleriert werden	Fehler hat keinen Einfluß auf die Steuerung des Fertigungsprozesses	- Fehler wird intern gespeichert - Ausgabe einer Warnung	- Fehler in einem nicht benutzten Bereich des NC-Programmspeichers
II	Fehler kann nicht toleriert werden; Ordnungsgemäßer Ablauf nicht gewährleistet	Fehler kann evtl. (später) Einfluß auf Fertigungsprozeß haben. Abarbeitung des aktuellen NC-Satzes möglich	- Fehlerkorrektur - Achsen am Satzende stillsetzen; Betriebsart wechseln; Fehler melden	- Ausfall einer Achse, die nicht mit dem Werkstück im Eingriff ist - Ansprechen der Temperaturüberwachung
III	Fehler kann Schaden bewirken	Fehler hat Einfluß auf Fertigungsprozeß. erfordert augenblickl. Bewegungsstopp der Maschinenachsen	Sofortiges geführtes Bremsen der Maschinenachsen (Schleppabstand wird abgebaut)	- Fehler im Meßkreis für Maschinenachsen - Ausbleiben der Sollwerte für Lageregelung
IV	Fehler kann zu Gefahrenzustand führen	Gefahr für Mensch, Maschine oder Werkstück möglich	'Not Aus'! (Ungeführtes sofortiges Stillsetzen aller Bewegungsachsen)	- 'Not Aus' Meldung von SPS - Ansprechen eines watchdog-timers

Bild 4.21: CNC-spezifische Fehlerklassifizierung

bestimmten Fehlerklasse dargestellt. Auf diesen Aspekt soll anschließend detaillierter eingegangen werden.

In diesem Kapitel wird das "äußere" Verhalten der CNC im Fehlerfall betrachtet. Darunter ist das Verhalten z.B. aus der Sicht eines Bedieners zu verstehen, wobei die Auswirkungen auf die Bearbeitung eines Werkstückes von besonderem Interesse sind. (Bild 4.22). Der Ablauf innerhalb der CNC und geeignete interne Strukturen werden im Kapitel 5 diskutiert.

Betrachtet man die möglichen Auswirkungen eines Fehlers, so lassen sich zunächst kontrollierte von unkontrollierten Auswirkungen unterscheiden (Bild 4.22). Eine Kontrolle der Auswirkungen wird durch automatische oder manuelle Fehlerdiagnose und Eingreifen des Bedieners erreicht.

Das Verhalten der CNC bestimmt sich zunächst aus dem Fehler selbst, bzw. der Fehlerklasse, welcher er zugeordnet ist. Ein weiterer Faktor ist die Betriebsart, in der sich die CNC zum Zeitpunkt der Fehlererkennung befindet. Beispielsweise sollten

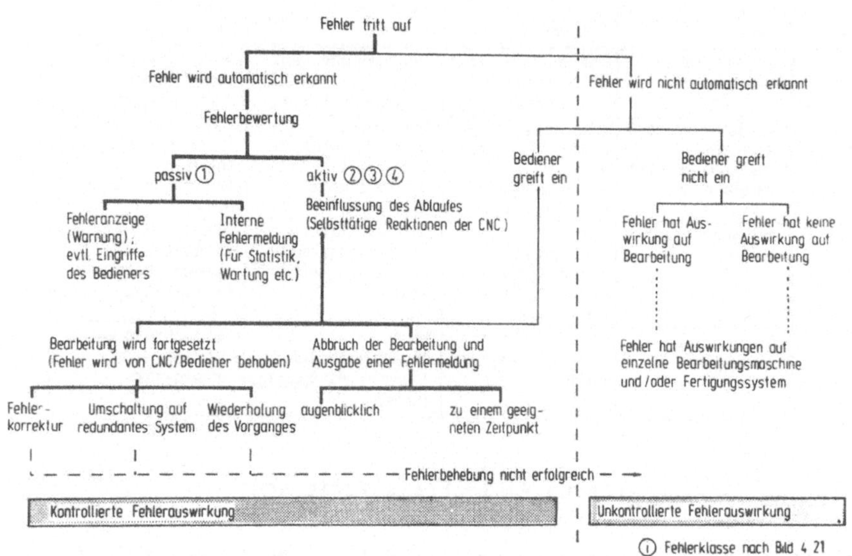

Bild 4.22: Mögliche Auswirkungen eines Fehlers in der CNC

die Maschinenachsen im Handbetrieb nicht sofort stillgesetzt werden, wenn ein Fehler im NC-Teileprogrammspeicher entdeckt wurde, jedoch ist dies im Automatikbetrieb notwendig. Als Betriebsarten kommen die an jeder CNC vorhandenen Hauptbetriebsarten Hand-/Einrichtebetrieb, NC-Datenein-/-ausgabe und Automatik in Betracht. Weiterhin ist eine eigene Betriebsart Diagnose sinnvoll. In ihr kann eventuell, zum Zwecke der Aktivierung spezieller Prüfungen, auf Reaktionen verzichtet werden, die aufgrund des Fehlertyps eigentlich erforderlich wären.

Neben der Fehlerklasse und Betriebsart, müssen auch technologische Gesichtspunkte betrachtet werden. So sind zusammengehörige Bewegungsachsen von Bahnsteuerungen gemeinsam stillzusetzen, auch wenn nur eine lagegeregelte Achse fehlerhaft ist. Demgegenüber muß ein Fehler in einer Hilfsachse nicht zum Stillsetzen der restlichen Maschinenachsen führen. Das Stillsetzen selbst kann dabei grundsätzlich durch Beeinflussung des Lagesollwertes erfolgen, wobei die Wegmeßsysteme und Lageregler intakt sein müssen, oder durch direkte Veränderung der Geschwindigkeitssollwerte für die Antriebsverstärker. Eine weitere Möglichkeit besteht in der Wegnahme des Signals "Reglerfreigabe" /39/ durch die CNC (vgl. Bild 2.4). Es bewirkt eine Auftrennung des Lageregelkreises und die Antriebsverstärker bringen die Achsen mit maximalem Bremsstrom zum Stillstand.

An bestimmten Werkzeugmaschinen gibt es Achsenkonfigurationen, die eine Sonderstellung einnehmen. Zum Beispiel muß bei einer Wälzfräsmaschine die Erhaltung der Synchronisation (Zwangskopplung /45/) zwischen den Bewegungen des im Eingriff befindlichen Fräsers und dem Werkstück unter allen Umständen angestrebt werden, auch wenn dafür ein Fehlverhalten in einem anderen Teil der CNC in Kauf genommen wird. Das gewünschte Verhalten der CNC im Fehlerfall wird also auch vom Typ der Bearbeitungsmaschine bzw. der Struktur einer Bearbeitungsstation bestimmt. Neben den vier Fehlerklassen aus Bild 4.22, die ganz allgemein auf numerische Steuerungen anwendbar sind, ist deshalb eine weitere Unterteilung in Fehlergruppen unter Umständen notwendig. Sie wird hier jedoch nicht durchgeführt, da sie anwendungsspezifisch ist. Als Konsequenz daraus ergibt sich die schon gestellte Forderung nach einer Anpaßbarkeit des Diagnosesystems, die auch vom Steuerungsanwender genutzt werden kann.

Wie schon gezeigt, kann die Fehlererkennung und -lokalisierung in einer einzigen Einheit vorgenommen werden (zentrale Diagnose) oder in jeder Einheit der CNC (verteilte Diagnose). In diesem Teil der CNC, im folgenden allgemein als Diagnoseeinheit bezeichnet, sollen auch die Fehler bewertet werden. Das Vorhandensein von Diagnoseeinheiten bedeutet aber nicht, daß jeder Fehler grundsätzlich an diese weitergeleitet wird und nur dort eine Fehlerbewertung erfolgt. Vielmehr sollte das Prinzip gelten, einen Fehler möglichst auf der niedersten Ebene zu beheben, um eine Fehlerfortpflanzung zu vermeiden. Eine hierarchisch modulare Struktur der CNC, wie sie in Kapitel 4.2.2.1 beschrieben wurde, unterstützt diese Vorgehensweise. Erst wenn eine Fehlerbehebung auf einer Ebene nicht möglich ist, sollte der Fehler der in der Hierarchie übergeordneten Einheit mitgeteilt werden. Kann der Fehler dort auch nicht behoben werden, so hat eine Weitergabe solange zu erfolgen, bis er die Diagnoseeinheit erreicht. Dort wird dann die Bewertung des Fehlers mit den Einflußfaktoren Fehlerklasse und Betriebsart, unter Berücksichtigung des Einsatzfalles, vorgenommen und gegebenenfalls Reaktionen eingeleitet. Im Bild 4.23 ist beispielhaft für eine CNC, bei der sich die Betriebsarten gegenseitig ausschließen, dieser Zusammenhang in Form einer Entscheidungstabelle allgemein dargestellt, wobei spezielle Anwendungen außer Acht gelassen wurden. Beim Entwurf eines integrierten Diagnosesystems kann das gewünschte Verhalten damit grundsätzlich beschrieben werden. Die zeitlichen Zusammenhänge sind jedoch aus der Entscheidungstabelle nicht erkennbar.

Neben den aus Bild 4.22 bekannten prinzipiellen möglichen Reaktionen der CNC auf einen Fehler sind im Bild 4.23 noch das Wechseln der Betriebsart und das Speichern der zum Zeitpunkt der Fehlererkennung gültigen Werkzeugposition, NC-Satznummer, Werkzeugnummer (T-Nr.) und Werkzeugkorrekturnummer aufgeführt. Bei Fehlern, die nicht unmittelbar zu einer Gefährdung für Mensch, Maschine oder Werkstück führen (Fehlerklasse I und II) ist eine selbsttätige Umschaltung der Betriebsart sinnvoll. Wenn beispielsweise im Automatikbetrieb festgestellt wird, daß für die Bearbeitung notwendige Informationen in einem NC-Satz fehlen, so könnte automatisch auf die Betriebsart NC-Datenein-/-ausgabe umgeschaltet werden. Dort ist dann, unterstützt durch eine Fehlermeldung, eine manuelle Behebung des Fehlers durch Eingabe der fehlenden Informationen möglich.

Wurden nach einem Fehler die Maschinenachsen oder gar das ganze Fertigungssystem stillgesetzt, so besteht das nächste Problem in der Fortsetzung der Bearbeitung. Sie darf im Automatik-

			Fehlerbewertung (Regeln)															
		Nr:	1	2	3	4	5	6	7	8	9	10	11	12	13	14	15	16
Bedingungen	Fehlerklasse	I	x	x	x	x	x	x	x	x	x	x	x	x	x	x	x	x
		II	-	-	-	-	x	x	x	x	x	x	x	x	x	x	x	x
		III	-	-	-	-	-	-	-	-	x	x	x	x	x	x	x	x
		IV	-	-	-	-	-	-	-	-	-	-	-	-	x	x	x	x
	Betriebsart	H : Hand-/Einrichtebetrieb	x	-	-	-	x	-	-	-	x	-	-	-	x	-	-	-
		E/A : NC-Datenein-/-ausgabe	-	x	-	-	-	x	-	-	-	x	-	-	-	x	-	-
		A : Automatikbetrieb	-	-	x	-	-	-	x	-	-	-	x	-	-	-	x	-
		D : Diagnose	-	-	-	x	-	-	-	x	-	-	-	x	-	-	-	x
Mögliche Reaktionen der CNC		Fehlermeldung (Anzeige)	x		x	x	x	x	x	x	x	x	x	x	x	x	x	x
		Interne Fehlermeldung	x		x													
		Wiederholung		x				x										
		Automatische interne Korrektur		x	x		x	x	x									
		Korrektur durch Anforderung neuer Werte		x				x										
		Betriebsart wechseln			x				x									
		Stillsetzen Achsen am Satzende							x									
		Stillsetzen Achsen augenblicklich (geführtes Bremsen)									x		x	x				
		Stillsetzen Achsen unmittelbar (ungeführtes Bremsen)													x	x	x	x
		Werkzeugposition, NC-Satz-Nr, T-Nr, Korrektur-Nr speichern							x				x		x	x	x	x
		⋮																

Bild 4.23: Entscheidungstabelle für mögliche Reaktionen einer CNC nach der Erkennung eines Fehlers (Beispiel)

betrieb bei solchen Fehlern erst nach einer Behebung des Fehlers von der CNC erlaubt werden. Es muß aber möglich sein, Maschinenachsen von Hand aus einer Gefahrenzone zu bewegen. In der Betriebsart "Diagnose" sollten solche Notoperationen ausgeführt werden können. Sie ist somit auch für Notbetrieb und Inbetriebnahme zuständig.

Die Bearbeitung nach einem Fehler kann am

- Unterbrechungspunkt,
- Beginn des NC-Satzes, in dem die Unterbrechung stattfand, oder

- am Beginn des nachfolgenden NC-Satzes

fortgesetzt werden. Zu diesem Zweck sind die die dafür notwendigen Informationen, hauptsächlich die Position des Werkzeuges, der aktuelle NC-Satz und die Werkzeugnummer, permanent in einem nichtflüchtigen Speicher abzulegen, da unter Umständen die Stromversorgung (Not Aus) unterbrochen wird. Das Systemprogramm der CNC muß also bei einem Neustart nach einer solchen Unterbrechung in der Lage sein, alle internen Daten so zu aktualisieren, daß die Abarbeitung der folgenden NC-Sätze in der gleichen Weise erfolgt, als ob keine Unterbrechung stattgefunden hätte.

Nach der Untersuchung geeigneter Überwachungs- und Diagnoseverfahre sollen im nächsten Kapitel Lösungsvorschläge für den Aufbau eines solchen Diagnosesystems entworfen werden.

5 Methodik zum Aufbau eines integrierten Überwachungs- und Diagnosesystems

5.1 Eingliederung des Überwachungs- und Diagnosesystems in die CNC

Zur Anwendung der in den vergangenen Kapiteln entwickelten Lösungsvorschläge zur Überwachung und Diagnose in numerischen Steuerungen, müssen in diese, neben den für die Funktion notwendigen Teilen, auch Zusätze zur Steuerung des Überwachungs- und Diagnoseablaufes eingebracht werden. Die Zusätze bestehen aus Hardware und Software. Es überwiegt jedoch der Softwareanteil, was durch die Realisierung des größten Teiles der CNC-Funktionen in der Systemsoftware der Steuerung begründet ist. Die anschließenden Ausführungen gehen deshalb verstärkt auf die Softwarestruktur von numerischen Steuerungen und die dort notwendigen Erweiterungen ein. Zunächst soll das Prinzip der Eingliederung von Überwachungs- und Diagnoseeinheiten in die CNC betrachtet werden.

5.1.1 Prinzip

Die grundsätzliche Struktur beim Einbau einer Überwachungseinheit zeigt das Bild 5.1. Die zu diagnostizierende Einheit sei eine beliebige abgeschlossene Funktionseinheit der CNC. Sie kann aus Hardware, Software oder einer Kombination aus beiden bestehen. Das Prinzip ist jedoch unabhängig von der Realisierung.

Durch einen als "Überwachungseinheit" bezeichneten Teil der CNC wird die Beobachtung vorgenommen (Bild 5.1). Diese Einheit wertet im einfachsten Fall nur die Ausgangsdaten der zu diagnostizierenden Einheit aus. Je nach angewandtem Überwachungsprinzip wird es nötig sein, daß auch die Eingangsdaten oder sogar interne Daten von ihr verarbeitet werden müssen.

Hat die Überwachungseinheit einen Fehler erkannt, so meldet sie ihn an eine Diagnoseeinheit weiter. Dort erfolgt die Fehlerlokalisierung und insbesonders die Fehlerbewertung. Bei Fehlern der Fehlerklasse 2,3,4 nach Kapitel 4.4.1 ist eine Beeinflussung des Fertigungsablaufes notwendig. Der Diagnoseeinheit müssen

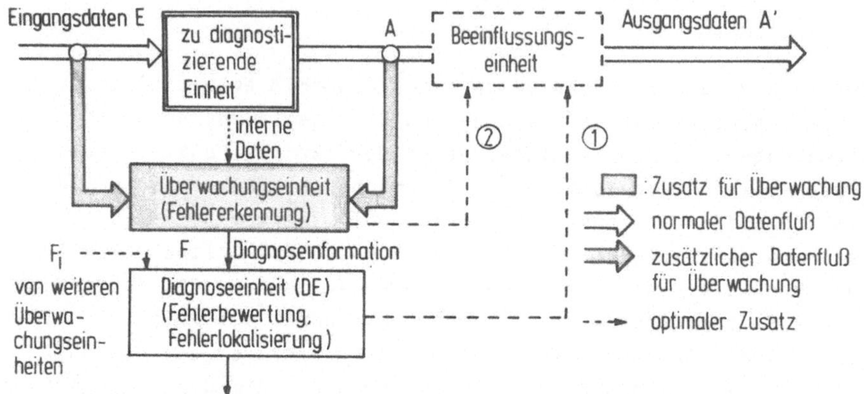

Bild 5.1: Integration einer Überwachungseinheit nach dem Beobachtungsprinzip

dafür Hilfsmittel zur Verfügung gestellt werden. Diese Hilfsmittel sind in Bild 5.1 zusammengefaßt als "Beeinflussungseinheit" dargestellt. Damit können fehlerhafte Ausgangsdaten oder im Falle einer Hardwarefunktionseinheit fehlerhafte Ausgangssignale von der Diagnoseeinheit verändert werden. Bei sehr zeitkritischen Abläufen, z.B. Signalen der Wegmeßsysteme für die Maschinenachsen sollte sie auch direkt von der Überwachungseinheit aktiviert werden können (Datenweg 2 in Bild 5.1). Im Normalfall wertet aber die Diagnoseeinheit Informationen mehrerer Überwachungseinheiten aus und greift dann gegebenenfalls auf die entsprechende Beeinflussungseinheit zu.

Das Charakteristische an Prüfungen und damit auch Tests ist das Stimulieren der zu diagnostizierenden Einheit mit speziellen Daten. Das Prinzip einer Funktionsprüfung zeigt das Bild 5.2. Neben der Diagnoseeinheit ist im Bild 5.2 ein Block mit der

Bezeichnung "Prüfdatenerzeugung" dargestellt. Eine Hardwarelösung dafür kann beispielsweise ein Funktionsgenerator sein, der Prüfsignale erzeugt. In der Software werden solche Daten von ablaufenden Testprogrammen geliefert. Die Testdatenerzeugung kann in diesem Fall als Bestandteil der Diagnoseeinheit betrachtet werden, wie im Rahmen der Diagnoseschnittstellen noch ausgeführt wird.

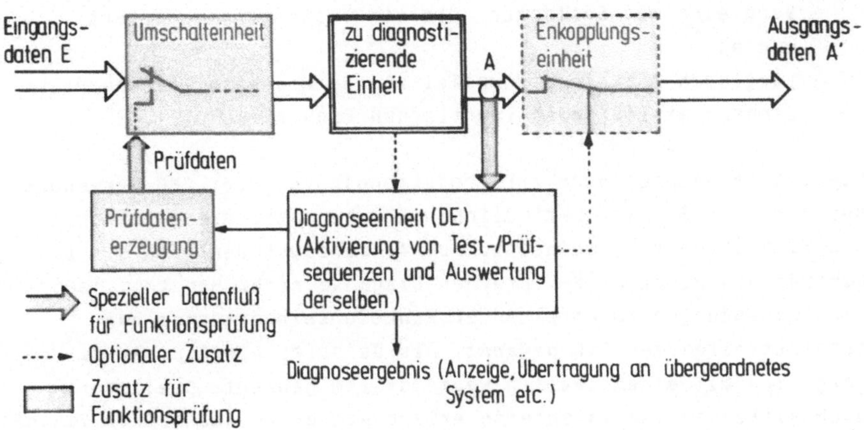

Bild 5.2: Struktur der Integration einer Funktionsprüfung in die CNC

Für den Prüf- bzw. Testvorgang ist eine Umschaltung von den normalen Eingangsdaten der zu diagnostizierenden Einheit auf die Prüfdaten notwendig. Dafür ist eine als "Umschalteinheit" bezeichnete Funktionseinheit vorgesehen, im Bild 5.2 schematisch durch einen einfachen Wechselkontakt dargestellt. Zusätzlich kann eine Entkopplung der durch die Prüfdaten erzeugten Ausgangsdaten von der Umwelt notwendig sein. Dem wird im Bild 5.2 durch eine "Entkopplungseinheit" Rechnung getragen, die von der Diagnoseeinheit aktiviert werden kann. Es dürfen beispielsweise beim Test des Softwaremoduls "Interpolation" keine Sollwerte an die Lageregelkreise ausgegeben werden, auch wenn momentan keine Bearbeitung eines Werkstücks erfolgt, da dadurch unkontrollierte Bewegungen der Maschinenachsen hervorgerufen werden können. Während der Testzeit müssen deshalb die Werte der entkoppelten Ausgangsdaten gespeichert oder auf einen definierten Wert gesetzt werden.

Die Auswertung der Testergebnisse kann durch zwei generelle Methoden erfolgen:

- Vergleich mit Solldaten, die vor Testbeginn generiert wurden,
- Vergleich mit einer parallel zur zu diagnostizierenden Einheit mitlaufenden identischen Einheit.

Die zweite Methode wird zur Produktendprüfung der CNC verwendet. Bei einer im Einsatz befindlichen CNC bedeutet diese Lösung das Einbringen von Redundanz. Aus Aufwandsgründen wird sie bisher für den Bereich der internen Diagnose nicht benutzt, jedoch sind Anwendungen im Bereich der Funktionseinheiten an den Schnittstellen der CNC bekannt. Als Beispiel hierfür sei der Vergleich mit einem zweiten Wegmeßsystem genannt. Die immer noch sinkenden Hardwarepreise erlauben aber in absehbarer Zukunft den Einsatz von Hardwareredundanz auch innerhalb der CNC .

5.1.2 Integration in die Software

5.1.2.1 Betriebssystem

Die Integration von Diagnoseeinheiten in die Systemsoftware der CNC wird von der Wahl des Diagnosekonzeptes bestimmt. Bei der zentralen Diagnose führt die Diagnose auf Systemebene eine einzige Einheit durch, nachfolgend als Zentrale Diagnoseeinheit (ZDE) bezeichnet. Integration in die CNC bedeutet hier, daß die ZDE als

- eigenständige intelligente Einheit (Mikrorechnermodul), die zusätzlich in die CNC eingebracht wird, mit den Varianten:
    . Standard-Mikrorechnermodul,
    . Sonderentwicklung für Diagnose oder als
- Softwarezusatz auf einer schon vorhandenen intelligenten Einheit

realisiert werden kann. Als Vorteil der ersten Lösung ist die Möglichkeit der Hardwareanpassung an spezielle Diagnoseprobleme zu nennen, z.B. die Überwachung des Busses, über den die intelligenten Einheiten gekoppelt sind, ferner die Auswertung nicht direkt zugänglicher Signale, die Erzeugung spezieller Testsignalsequenzen auf Hardwarebasis etc.. Als Nachteil sind die zusätzlichen Hardwarekosten zu nennen. Diese entfallen im zweiten Fall, wobei die Diagnosemöglichkeiten dort im allgemeinen nicht so umfangreich sind. Günstig ist hier die Realisierung des Softwarezusatzes in der intelligenten Einheit, welche die Verbindung zum Bedienfeld der CNC unterhält. Es kann dann als Anzeigegerät für die Diagnose genutzt werden.

Auch beim Konzept der zentralen Diagnose müssen neben der ZDE weitere Diagnosezusätze in jeder intelligenten Einheit vorhanden sein. Diese werden im folgenden als Funktionsblockdiagnoseeinheiten (FBDE) bezeichnet, gemäß der in Kapitel 4 erfolgten Zuordnung eines Funktionsblockes zu genau einer intelligenten Einheit. Die FBDE führen beim Konzept der zentralen Diagnose die Diagnose auf Modulebene durch, während beim Konzept der verteilten Diagnose die FBDE die Aufgaben aus beiden Diagnoseebenen zu übernehmen haben.

Die FBDE müssen in das Softwaresystem des Funktionsblocks integriert werden. Unabhängig von speziellen Realisierungen kann beim Softwareentwurf zukünftiger Steuerungen von einem Betriebssystem auf Mikrorechnermodulen ausgegangen werden, ähnlich wie von Prozeßrechnern her bekannt. Dies ist wegen der Leistungsfähigkeit moderner Mikroprozessoren trotz der hohen Echtzeitanforderungen auch bei numerischen Steuerungen möglich /51/. Das Betriebssystem ist Bestandteil des Systemprogrammes der CNC und soll für alle Programme stehen, die Betriebsmittel zum Ablauf von Programmen auf einem Mikrorechnermodul verwalten. Die Betriebsmittel umfassen die Rechnerhardware, z.B. Speicher oder Ein-/Ausgabebausteine und Grundsoftware wie Dateien, Standardprogramme und Tasks. Unter einer Task ist ein zu anderen Rechenprozessen parallel ablaufender Rechenprozeß zu verstehen. Dafür wird ein sogenanntes Multitaskingbetriebssystem vorausgesetzt. Es erlaubt die Strukturierung der Software in Funktionseinheiten, die quasi parallel im Rechner ablaufen. Den einzelnen Tasks wird hierbei nach bestimmten Priorisierungsverfahren Rechenzeit vom Betriebssystem zur Verfügung gestellt.

Aufbauend auf einer wie oben beschriebenen Softwarebasis läßt sich die Funktionsblockdiagnoseeinheit günstig in Form einer eigenen Task realisieren und in das Softwaresystem integrieren. Im on-line Betrieb kann die FBDE-Task z.B. mit niedrigster Priorität ablaufen, wodurch keine Verschlechterung des Zeitverhaltens

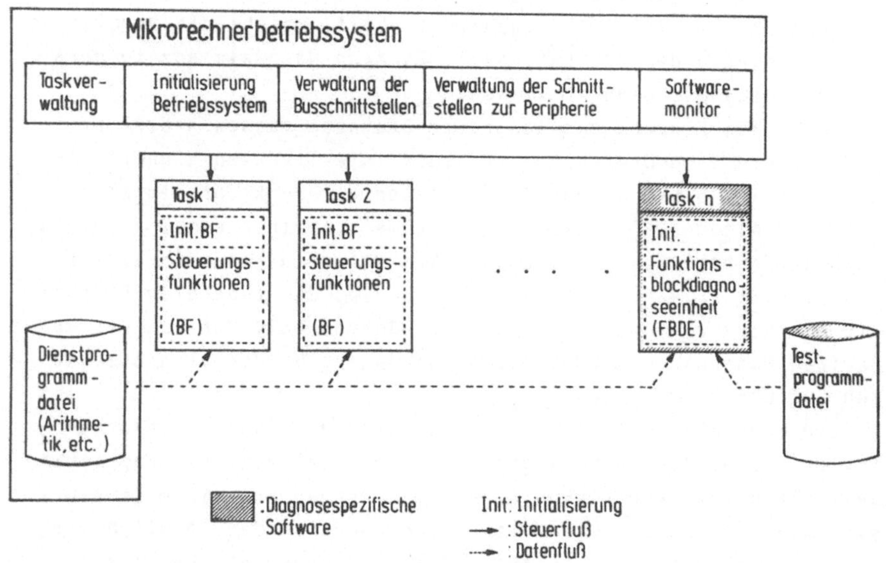

Bild 5.3: Grobstruktur der Software auf einem Mikrorechnermodul der CNC

der übrigen CNC-Funktionen auftritt. Diese im Zuge der funktionalen Gliederung der CNC (Kapitel 4) als beauftragbare Funktionen (BF) und Einzelfunktionen (EF) bezeichneten steuerungsspezifischen Funktionseinheiten, sind dann auf höherpriorere Tasks zu verteilen. Das Betriebssystem sollte in diesem Fall eine dynamische Prioritätssteuerung besitzen, d.h. es wird gewährleistet, daß eine Task nicht durch höherpriorere Tasks von der Rechnerzuteilung ausgeschlossen wird. Die sich daraus für einen Mikrorechnermodul ergebende Grobstruktur der Software ist im Bild 5.3 dargestellt.

Ein Maß zur Bestimmung der Anforderungen an das Betriebssytem, in bezug auf eine maximale Zeitdauer zwischen den Beauftragungen der diagnosespezifischen Tasks, ist der tolerierbare theoretische Verfahrweg der Maschinenachsen nach dem Erkennen eines Fehlers der Klassen 3 oder 4 (Bild 4.19) bis zum Einleiten von Reaktionen (z.B. Stillsetzen der Achsen) durch die Diagnoseeinheiten der CNC. Damit ergibt sich für die Zeitdauer zwischen den Beauftragungen, wenn der Bremsweg vernachlässigt wird :

$$T_{Task} = \frac{\Delta s}{v_B} - T_B \qquad (5.1)$$

T_{Task}: Zeit zwischen Beauftragungen der diagnosespezifischen Tasks

T_B : Dauer vom Erkennen des Fehlers bis zum Einleiten von Reaktionen

v_B : Bahngeschwindigkeit

s : tolerierbarer Verfahrweg

Ein besonders kritischer jedoch nicht sehr wahrscheinlicher Fall ist das Verfahren im Eilgang bis nahe an das Werkstück oder an Spannmittel und das Auftreten eines Fehlers kurz vor dem Ende des NC-Satzes. Nimmt man an, daß im Eilgang mit v_B = 10m/min verfahren wird, der tolerierbare Verfahrweg Δs = 1cm beträgt und die Zeit T_B = 20ms ist, so ergibt sich für die maximale Beauftragungszeit T_{Task} = 42,5 ms. Dies Zeit liegt im Bereich der Abfragezeit für die Bedienelemente durch die CNC-Systemsoftware. Die dafür benutzten Programme laufen üblicherweise am niederpriorsten innerhalb der Systemsoftware ab, woraus das Erreichen von Zeiten zwischen 50ms ... 100ms für T_{Task} mit der heute üblichen Hardware geschlossen werden kann. Sind kürzere Reaktionszeiten gefordert, muß die Rechenleistung, z.B. durch die Verwendung von Mikroprozessoren mit 32 bit Datenbreite oder integrierter Taskverwaltung, gesteigert werden.

Nach der Eingliederung von Diagnoseeinheiten in die Systemsoftware der CNC ist im nächsten Schritt ihre Versorgung mit Diagnoseinformationen zu betrachten. Neben Hardwareschnittstellen sind Datenschnittstellen in der Software festzulegen, worauf im nächsten Kapitel eingegangen wird.

5.1.2.2 Diagnoseschnittstellen

In /52/ wurden Softwareschnittstellen in Mehrprozessor-Steuersystemen eingehend untersucht und Lösungsvorschläge für eine Standardisierung /53/ erarbeitet. Aufbauend auf diesen, sollen hier Vorschläge für standardisierte Diagnoseschnittstellen innerhalb der CNC-Software entworfen werden, wobei die verwendeten Steuerschnittstellen nur beispielhaft für eine modular und nach funktionalen Gesichtspunkten aufgebaute CNC stehen. Die Verwendung solcher Schnittstellen ist die Grundlage für die Anpaßbarkeit des Diagnosesystems an unterschiedliche CNC-Konfigurationen.

Die Basis der Softwarestrukturierung ist eine funktionale Gliederung der CNC, wie sie in Kapitel 4 dargestellt wurde. Jeder Funktionsblock (FB) erhält eine eigene Steuerschnittstelle in der Software. Darüber können die beauftragbaren Funktionen (BF) von anderen Funktionsblöcken oder von einer zentralen Ablaufsteuerung aktiviert werden. Auf die in der Hierarchie darunterliegenden Einzelfunktionen (EF) eines FB kann nicht direkt zugegriffen werden. Es wird vorausgesetzt, daß jeder Mikrorechnermodul, der Träger eines Funktionsblocks ist, einen Datenbereich zur Verfügung stellt, auf den sowohl von ihm selbst als auch vom Bus, der die verschiedenen Mikrorechnermodule verbindet, zugegriffen werden kann (lokale "Mailbox"). Dies deckt sich mit den Grundanforderungen aus Kapitel 4.2.1 an die Diagnose auf Systemebene. In diesem Datenbereich wird die Steuerschnittstelle aufgebaut.

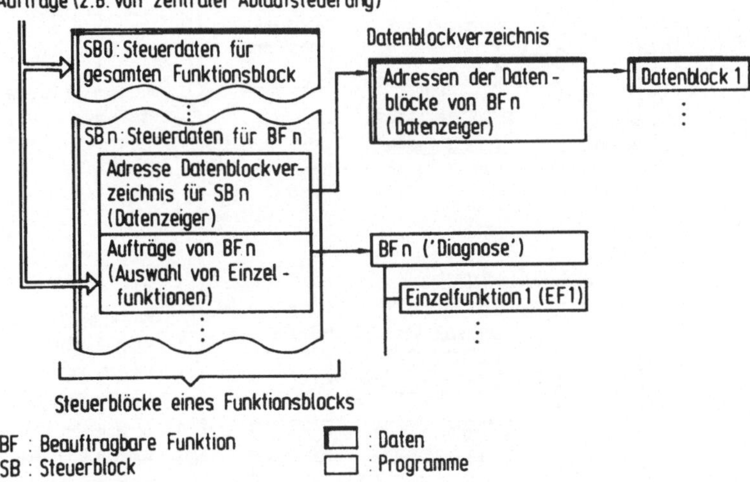

Bild 5.4: Grundstruktur der Diagnoseschnittstellen in der CNC-Systemsoftware

Die Steuerschnittstelle selbst besteht aus mehreren Teilen, im folgenden als Steuerblöcke bezeichnet. Jeder beauftragbaren Funktion eines Funktionsblocks ist ein eigener Steuerblock zugeordnet (Bild 5.4). Der Steuerblock 0 hat eine Sonderstellung und enthält Informationen, die für den ganzen Funktionsblock gültig sind. Durch diese Struktur sind der zentralen Diagnoseeinheit über das Datenblockverzeichnis die Ausgangsdaten der einzelnen BF zugänglich. Sie können von ihr überschrieben werden und somit sind die Ausgangsdaten der zu diagnostizierenden Einheit, hier eine BF, beeinflußbar ("Beeinflussungseinheit"). Die nach Bild 5.2 zum Test notwendigen Umschalt- und Enkopplungseinheiten können ebenfalls einfach erstellt werden: Durch Veränderung des Zeigers im Datenblockverzeichnis läßt sich der Datenstrom auf einen eigens für Diagnosezwecke bereitzustellenden Datenbereich umlenken (Bild 5.5).

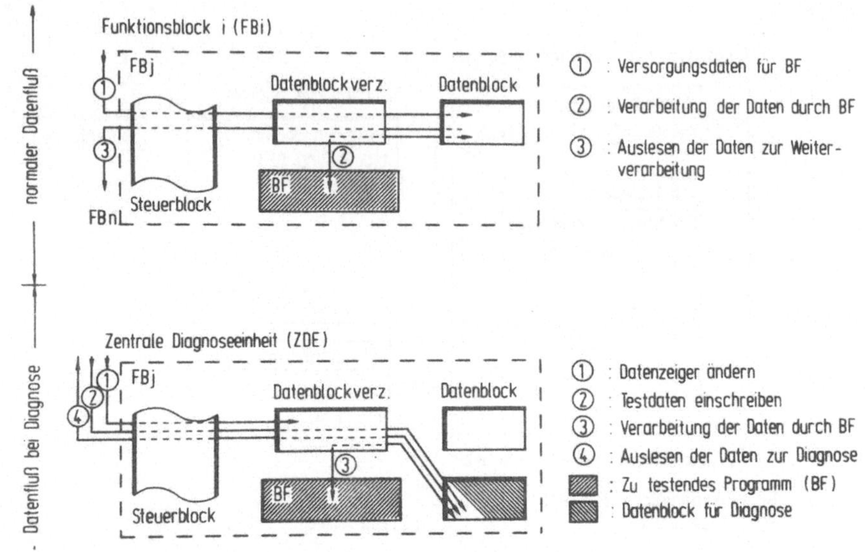

Bild 5.5: Umschaltung des Datenflusses zur Überwachung und Diagnose

Es bietet sich an, die Funktionsblockdiagnoseeinheit in Form einer BF mit eigenem Steuerblock zu realisieren. Damit ergibt sich die im Bild 5.6 dargestellte Struktur für die Diagnoseeinheiten und -schnittstellen.

Das Bild 5.7 zeigt einen Vorschlag für den Aufbau der Diagnoseschnittstelle eines Funktionsblocks. Sie enhält Datenblöcke der Diagnoseschnittstelle. Sie enthält Datenblöcke für Testaufträge, -ergebnisse, -parameter, die Diagnosebetriebsart und einen "Softwarewatchdog". Im Gegensatz zu den schon in Kapitel 3 beschriebenen hardwareunterstützten watchdog wird hier die prinzipielle Funktionsfähigkeit eines Funktionsblockes durch eine reine Softwarelösung überwacht: Die zentrale Diagnoseeinheit vergleicht in bestimmten Zeitintervallen den Inhalt einer vom Funktionsblock zu inkrementierenden Speicherzelle mit dem vorangegangenen Wert. Das Datenwort "Diagnosebetriebsart" ist unterteilt in ein Feld

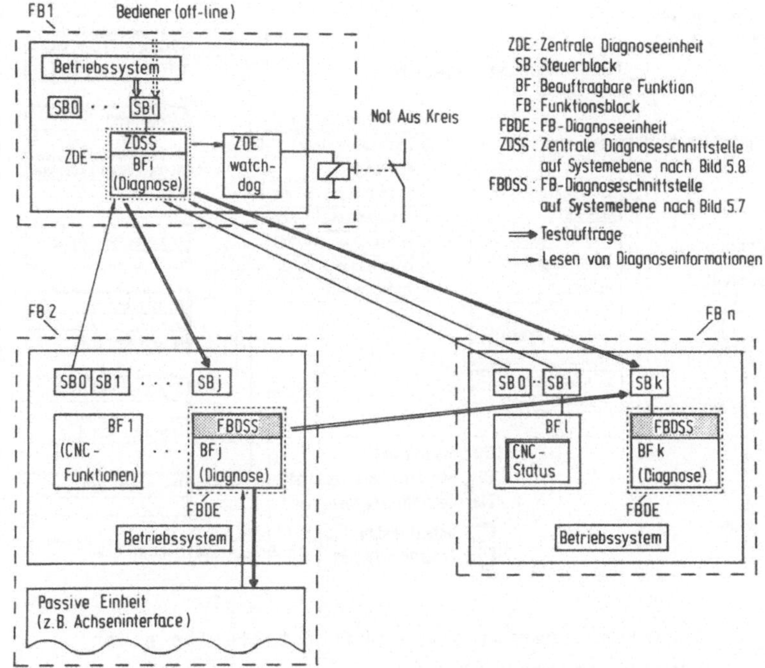

Bild 5.6: Diagnoseeinheiten und Schnittstellen

zur Kennzeichnung der Diagnosephase (Anlauf, on-line, off-line) und ein Feld zur Festlegung des Diagnoseauftrages. Notwendige Diagnoseaufträge, die bei Bedarf erweitert werden können, sind:

- Test anderer intelligenter Einheiten ("Test System")
- Tests innerhalb des Funktionsblocks ("Test Modul"),
- Selbsttest der intelligenten Einheit,
- Testabbruch,
- Aufruf des Softwaremonitors u.a..

Gemäß der festgelegten CNC-Struktur werden den Diagnoseaufträgen Einzelfunktionen zugeordnet, die im Bild 5.7 mit Einzelfunktion EF 1 bis EF 4 bezeichnet sind.

Bei den Testaufträgen ist, entsprechend den möglichen Dia-

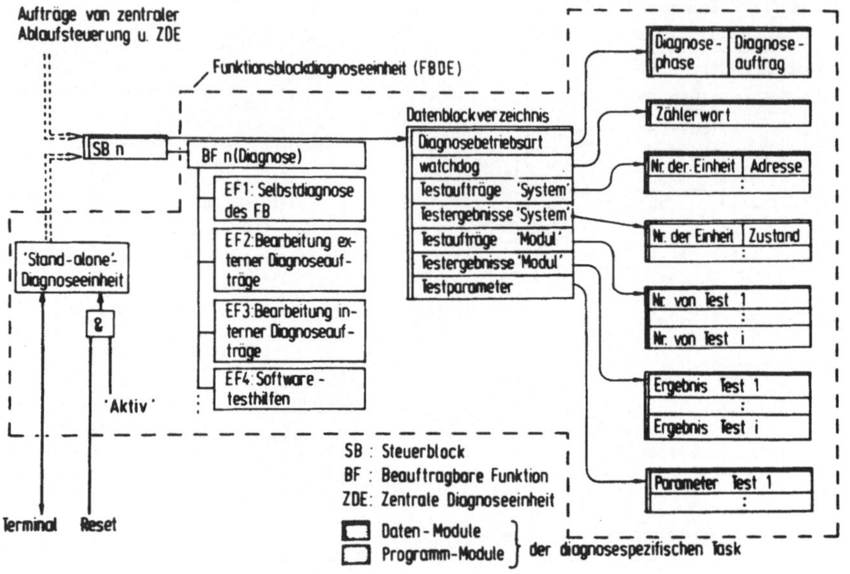

Bild 5.7: Struktur einer Diagnoseschnittstelle für einen Funktionsblock

gnoseebenen, zwischen Aufträgen für die Diagnose auf System- und Modulebene zu unterscheiden. Zur Diagnose auf Systemebene enthält die Testauftragsliste diejenigen Einheiten samt zugeordneten physikalischen Adressen, über die aufgrund der Diagnosestruktur (Testgraph) ein Testurteil zu fällen ist. Sie kann bei im Betrieb unveränderbarer Konfiguration als residenter Datenblock abgelegt sein. Wenn die Möglichkeit einer Veränderung der Konfiguration im Betrieb vorgesehen werden soll, z.B. zur Elimination einer defekten Einheit, so muß die Testauftragsliste als veränderbarer Datenblock aufgebaut sein, der von der zentralen Diagnoseeinheit verwaltet wird. Diese Aufgabe fällt bei verteilter Diagnose der Funktionsblockdiagnoseeinheit zu. Die Testauftragsliste zur Diagnose auf Modulebene enthält einen oder mehrere Tests, die in der Reihenfolge ihres Eintrages auszuführen sind. Für die Testergebnisse aus beiden Testauftragsarten sind getrennte Datenblöcke vorgesehen. Als Testparameter werden z.B. benötigt:

- Adressen (Speichertests u.a.),
- Testmuster,
- die gewünschte Anzahl der Durchläufe eines Tests,
- durch Tests ermittelte Meßwerte,
- die aktuelle Zahl der erfolgten Testdurchläufe etc..

Über die so spezifizierte Schnittstelle lassen sich die zur Diagnose auf Systemebene notwendigen Operationen anstoßen. Ein Urteil über den Zustand einer mit dieser Schnittstelle versehenen intelligenten Einheit kann von einer anderen durch folgende drei Möglichkeiten gebildet werden:

- Aufruf der BF Diagnose, Eintrag des Diagnoseauftrages "Test Modul" und Ausfüllen der Testauftragsliste mit Tests, die den Zustand (intakt/defekt) der Einheit für die aktuelle Anwendung feststellen können (es werden i.a. nicht alle Funktionen benötigt).
- Aufruf der BF Diagnose, und Eintrag des Diagnoseauftrags "Selbsttest"; Er bewirkt die Abarbeitung einer beim Entwurf festgelegten Anzahl von Tests zur Selbstdiagnose der intelligenten Einheit. Ein vollständiger Selbsttest ist i.a. nicht möglich, da die Schnittstellenbaugruppen zum Bus nicht erfaßt werden können. Dazu ist ein Datenaustausch zwischen den intelligenten Einheiten notwendig.
- Aufruf der BF Diagnose und Abfrage des Zählerwortes (speziell in Diagnosephase on-line).

Die Testergebnisse stehen nach Beendigung in den durch das Datenblockverzeichnis festgelegten Listen. Wird die Beendigung eines Tests durch das Prinzip des löschenden Lesens in der Testauftragsliste angezeigt, so entfallen spezielle Steuervariable.

Fehler, die nicht in der beauftragbaren Funktion "Diagnose" erkannt werden, speziell beim Ablauf von CNC-spezifischen BF in der Diagnosephase on-line, müssen ebenso von der zentralen Diagnoseeinheit verarbeitet werden. Dafür ist im Steuerblock 0 ein Feld reserviert. Jede beauftragbare Funktion, die einen Fehler entdeckt, trägt hier die Nummer eines nach Kapitel 4.4.1 bewerteten Fehlers ein.

Durch Störungen auf dem Bus kann der Datenaustausch zwischen zentraler Diagnoseeinheit und Funktionsblockdiagnoseeinheit behindert werden. Um auch in diesem Fall eine Diagnose durchführen zu können, muß die Versorgung mit Diagnoseaufträgen auch über einen anderen Weg möglich sein. Die Funktionsblockdiagnoseeinheit enthält dafür neben der BF Diagnose und deren Einzelfunktionen auch einen in Bild 5.6 als "Stand-alone-Diagnoseeinheit" bezeichneten Softwaremodul. Durch die Position eines speziellen Schalters kann, nach einem Rücksetzen in den Grundzustand (Reset), dieser Modul veranlaßt werden, die BF Diagnose in der gleichen Weise zu starten, wie dies von einer anderen Einheit aus erfolgen würde. Weiterhin können beim Anschluß eines Bediengerätes die in der EF4 realisierten Softwaretesthilfen, wie das Ansehen und Verändern von Rechenregistern, Setzen von Programmhaltepunkten oder das Ändern von Speicherinhalten genutzt werden.

Die Steuerung des Diagnoseablaufes wird im Falle der zentralen Diagnose von der zentralen Diagnoseeinheit (ZDE) übernommen. Auch dort sind diagnosespezifische Schnittstellen zu definieren. Aus Gründen der Einheitlichkeit wird vorgeschlagen, sie ebenso aufzubauen wie für die Funktionsblockdiagnoseeinheit beschrieben. Die Aktivierung der BF Diagnose muß in der Anlaufphase durch das Betriebssystem erfolgen (Bild 5.7). Ein auslösendes Ereignis ist in allen Fällen der Neustart der CNC nach dem Einschalten der Stromversorgung. Ansonsten wird die BF Diagnose von der zentralen Ablaufsteuerung beauftragt. Für die Diagnosephase off-line ist der Anschluß eines Bediengerätes vorzusehen, womit der Bediener individuelle Testwünsche zusammenstellen kann. Ebenso ist hier die Installation einer Informationsschnittstelle zu einem der CNC übergeordneten Fertigungsleitrechner oder über ein Modem die Ankopplung an das Telefonnetz zum Zwecke der Ferndiagnose möglich. Die dafür benötigte Bedienoberfläche kann individuell erstellt werden. Durch Verwendung der vorgeschlagenen Steuer-

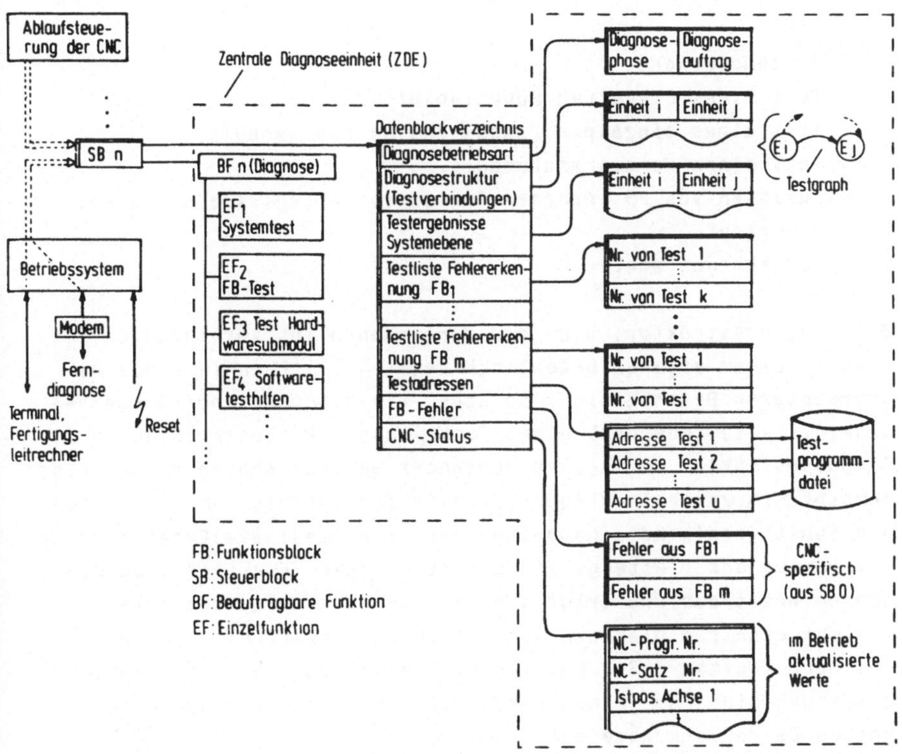

Bild 5.8: Struktur einer Diagnoseschnittstelle auf Systemebene innerhalb der zentralen Diagnoseeinheit

schnittstelle für den Aufruf der zentrale Diagnoseeinheit läßt sie sich leicht an die unterschiedlichen Aufgabenstellungen anpassen.

Die Diagnoseschnittstelle enthält, wie von der Funktionsblockdiagnoseeinheit bekannt, ein Feld "Diagnosebetriebsart", unterteilt in Diagnosephase und Diagnoseauftrag. Zusätzlich muß der zentralen Diagnoseeinheit aus den in Kapitel 4.4.2 erläuterten Gründen die Betriebsart der CNC bekannt sein. Diese Information kann zusätzlich im Datum Diagnosephase übergeben werden. Mögliche Diagnoseaufträge an die zentrale Diagnoseeinheit sind:

- Systemdiagnose,
- Test eines einzelnen Funktionsblocks,
- Test eines einzelnen (passiven) Hardwaremoduls,
- Test eines Hardwaresubmoduls,
- Auslesen von FB-internen Fehlerlisten (vgl.Kap.5.1.2.2),
- Dauerlauf,
- Testabbruch etc..

Die Diagnosestruktur, d.h. die vorhandenen Testverbindungen, sind in einem eigenen Datenblock abgelegt. Ist er in einem beschreibbaren Datenbereich, so kann, wie schon bei der Diagnoseschnittstelle innerhalb eines Funktionsblocks beschrieben, die Diagnosestruktur im Betrieb verändert werden. Anhand dieser Liste vergibt die zentrale Diagnoseeinheit Testaufträge an die einzelnen Funktionsblockdiagnoseeinheiten. Sie liest die Ergebnisse aus dem Datenblock "Testergebnisse System" jeder Funktionsblockdiagnoseeinheit aus und trägt sie in eine Liste ein. Damit kann von ihr dann die Diagnose auf Systemebene gesteuert werden.
Die nach Kapitel 4.3.2 bestimmten Nummern der Tests zur Fehlererkennung sind für jeden Funktionsblock in einem eigenen residenten Datenblock abgelegt.

Die zentrale Diagnoseeinheit kann auch eine eigene Testprogramm-Datei besitzen (Bild 5.8). Sie wird für einen Selbsttest benötigt. Ein weiterer Anwendungsfall besteht im Nachladen von Testprogrammen aus dieser Datei in die Testprogramm-Dateien der Funktionsblockdiagnoseeinheit, wenn dort der Speicherplatz nicht ausreicht.

Für die Fortsetzung der Bearbeitung nach einem Fehler werden die im Kapitel 4.4.2 beschriebenen Zustandsdaten der CNC benötigt. Die zentrale Diagnoseeinheit muß diese deshalb im Betrieb regelmäßig aus den verschiedenen Funktionsblöcken lesen und in einen nichtflüchtigen Speicher ablegen. Darüberhinaus sind dort auch die Fehlermeldungen der einzelnen Funktionsblöcke (aus FB 0) und die Ergebnisse der Tests auf Systemebene einzuschreiben. Diese Informationen sind ausreichend, um bei einem Neustart die

Bearbeitung an dem gewünschten Punkt fortsetzen zu können oder eine Reparatur durch Auslesen der Daten in der Betriebsart "Diagnose" zu ermöglichen.

Wird das Konzept der verteilten Diagnose angewendet, so ist die Diagnoseschnittstelle der Funktionsblockdiagnoseeinheit zu erweitern. Mit der vorgeschlagenen Struktur ist das leicht möglich. Es müssen lediglich das Datenblockverzeichnis erweitert und die zusätzlichen Datenblöcke bereitgestellt werden. Diese sind schon von den Ausführungen über die Diagnoseschnittstellen auf der zentralen Diagnoseeinheit (Bild 5.8) bekannt.

5.1.3 Hardwarezusätze in der CNC

Die Beobachtung von Funktionseinheiten an den Schnittstellen der CNC (vgl. Bild 2.4) ist bei heutigen numerischen Steuerungen nicht ohne externe Hilfsmittel möglich. Um gemäß der Zielsetzung darauf verzichten zu können, sind neben Softwarezusätzen auch Erweiterungen in der CNC-Hardware notwendig.

Das Bild 5.9 zeigt einen Vorschlag zur Erfassung der Geschwindigkeitssollwerte (Schnittstelle S3 in Bild 2.4). Aus Kostengründen ist nur ein Analog-/Digitalwandler vorgesehen, der wahlweise den verschiedenen Kanälen zugeschaltet werden kann. Die Überwachung selbst wird als Softwarebaustein in der ZDE realisiert. Dazu muß die Geschwindigkeitssollwertliste von der ZDE gelesen werden können, was bei Einhaltung der beschriebenen Softwarestruktur gewährleistet ist. Durch Vergleich der Listenwerte mit den gemessenen und rückgewandelten Werten an der Schnittstelle S3 können Hardwarefehler im Achseninterface, Fehler durch Rückwirkungen externer Störeinflüsse auf die analogen Ausgangswerte und Softwarefehler bei der Übertragung aus der Sollwertliste an das Achseninterface erkannt werden. Legt man die im Kapitel 5.1.1 abgeschätzte Beauftragungszeit für die diagnosespezifischen Tasks von 50ms ... 100ms zugrunde, so werden solche Fehler, bei einer angenommenen Sollwertvorgabe im Raster von 5ms, nach 10 ... 20 Ausgaben erkennbar.

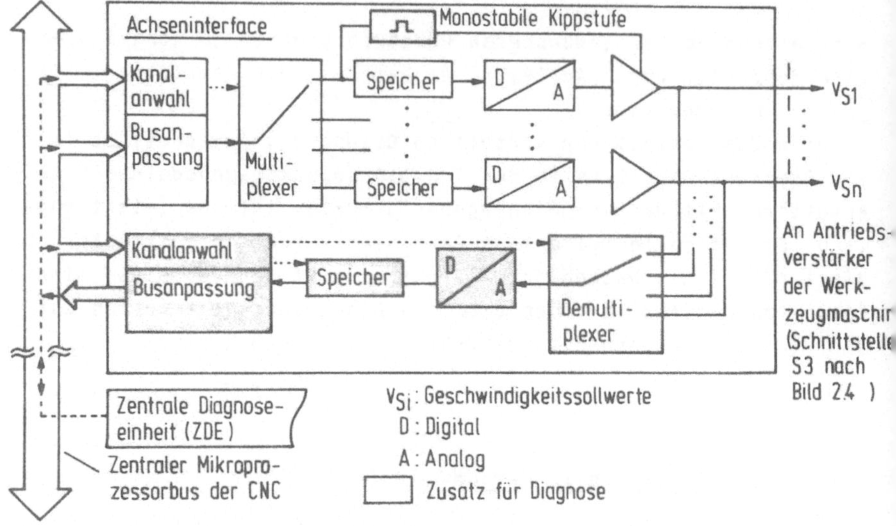

Bild 5.9: Zusätze zur Beeinflussung und Erfassung der Geschwindigkeitssollwerte

Neben der Erfassung von Daten für die Diagnose ist im Bild 5.19 anhand eines Kanals zur Geschwindigkeitssollwertausgabe der Aufbau einer Überwachungseinheit mit direktem Zugriff auf eine Beeinflussungseinheit (vgl. Bild 5.2) eingezeichnet. Die Überwachungseinheit besteht hier aus einer nachtriggerbaren monostabilen Kippstufe, die bei jeder Sollwertausgabe angestoßen wird. Bleibt ein Sollwert länger als die Zeit T_v aus, so kippt der Baustein in den Grundzustand und der Wert des Ausgangsverstärkers (Beeinflussungseinheit) wird auf Null und damit die Achse stillgesetzt.

Fehler in der Funktionseinheit, welche die Lageistwerte erfaßt und aufbereitet, werden durch die in Bild 5.9 eingezeichneten Zusätze erkennbar. Neben einem Baustein zur Busanpassung und einem Speicherbaustein, werden gängige steuerbare Verstärkerbausteine benötigt. Damit wird die in Bild 5.2 schematisch dargestellte Umschalteinheit aufgebaut. Auf der zentralen Diagnoseeinheit (ZDE) ablaufende Testprogramme liefern Testdaten, die über den Bus an das Achseninterface ausgegeben und auf dem Achseninterface gespeichert werden. Anhand eines Signales (U_{aZDE})

ist im Bild 5.9 der durch die ZDE erzeugte Signalverlauf für konstante Verfahrgeschwindigkeit und der nach dem Speicher entstehende Signalverlauf (U_{aT}) dargestellt. Die Zeit T_{ZDE} zwischen zwei Datenausgaben der ZDE setzt sich aus der Testprogrammlaufzeit, der Zeit bis zur Buszuteilung und der vernachlässigbaren Datenübertragungszeit zusammen.

Mit Hilfe der beschriebenen Erweiterung lassen sich die von den Maschinenbewegungen im Wegmeßsystem erzeugten Signalverläufe durch ein Testprogramm in der ZDE simulieren. Dies ist jedoch, wegen der kurzen zur Verfügung stehenden Testzeit infolge des einzuhaltenden Rasters für die Sollwertausgabe, unter Verwendung heute üblicher Hardware nur in der off-line Phase möglich. Die dabei maximal erreichbare simulierte Verfahrgeschwindigkeit berechnet sich aus:

$$v_{Bmax} = \frac{w_i}{T_{ZDE}} \qquad (5.2)$$

v_B : Bahngeschwindigkeit
w_i : Weginkrement des Meßsystems
T_{ZDE} : Zeit zwischen zwei Datenausgaben der ZDE

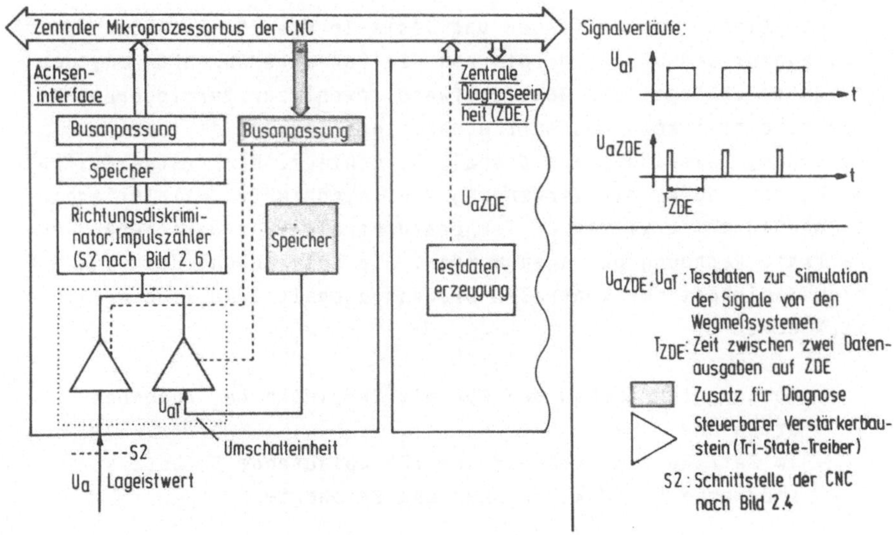

Bild 5.10: Zusätze zur Erfassung der Lageistwerte

Daraus ist erkennbar, daß bei Annahme des heute üblichen Auflösungsvermögens von 1 µm für ein Weginkrement, die nach Gleichung (5.2) mögliche maximale Bahngeschwindigkeit geringer als die moderner Werkzeugmaschinen ist. Wird die Funktionsprüfung des Achsinterface auch für hohe Verfahrgeschwindigkeiten der Maschinenachsen gefordert, so muß die Testdatenerzeugung durch eine reine Hardwarelösung zur Signalerzeugung realisiert werden, die sich direkt auf dem Interface befinden sollte.

Daten an der Schnittstelle S1 und S4 können anhand einer Quittierung durch den übergeordneten Rechner bzw. die SPS, überwacht werden. Binäre Ausgangssignale, die nicht quittiert werden können, z.B. die Reglerfreigaben an der Schnittstelle S3, lassen sich bei Verwendung eines speziellen Speicherbausteins mit integrierten Diagnoseeigenschaften /54/ ebenfalls erfassen. Er erlaubt es, über einen zusätzlichen Eingang die parallel anliegenden Ausgangsdaten seriell einzulesen und seriell Testdaten an die parallelen Ausgänge auszugeben. Dieser Baustein eignet sich deshalb für einen Anschluß an den in Kapitel 4.2.1.2 vorgeschlagenen zusätzlichen Seriellbus für die integrierte Diagnose.

Der Einbau von Prüfungen und Tests in die ZDE ist von besonderer Bedeutung, da hiervon die korrekte Durchführung der Diagnose abhängt. Ein Zusatzaufwand sowohl zur Verringerung der Wahrscheinlichkeit des Auftretens eines Fehlers als auch zur Erkennung desselben, ist deshalb berechtigt. Dem ersten Gesichtspunkt kann durch die Verwendung von integrierten Halbleiterbauelementen mit erweitertem Temperaturbereich und geringerer Ausfallrate Rechnung getragen werden. Die Überwachung der Funktionsfähigkeit der zentralen Diagnoseeinheit läßt sich prinzipiell durch

- redundanten Aufbau der ZDE mit Vergleich der Ausgangsdaten und
- im Betrieb zyklisch auf der ZDE ablaufende Selbsttestprogramme für Mikrorechner und Pripherie

unterstützen. Im ersten Fall ist ein beträchtlicher Hardwarezusatzaufwand notwendig, der im Zuge der fortschreitenden Integration auf dem Halbleitersektor aber zukünftig an Bedeutung verlieren wird. Im zweiten Fall sind Fehler nur während des Ablaufs der Testprogramme erkennbar. Es ist beim Entwurf deshalb ein Kompromiß zwischen kurzer Zykluszeit für den Start der einzelnen Testabläufe und der Dauer der Testprogramme zu schließen. Günstige Ergebnisse lassen sich erreichen, wenn der ZDE ein eigener Mikrorechner zur Verfügung steht und keine CNC-spezifischen Funktionen neben der Diagnose der CNC-Komponenten und dem Selbsttest auf ihr ablaufen.

5.2 Ablauf der Diagnose

5.2.1 Zustände der CNC

Vor einer Betrachtung der verschiedenen Diagnosephasen im einzelnen sind zunächst die wesentlichen Zustände einer CNC unter dem Gesichtspunkt der Diagnose zu ermitteln.

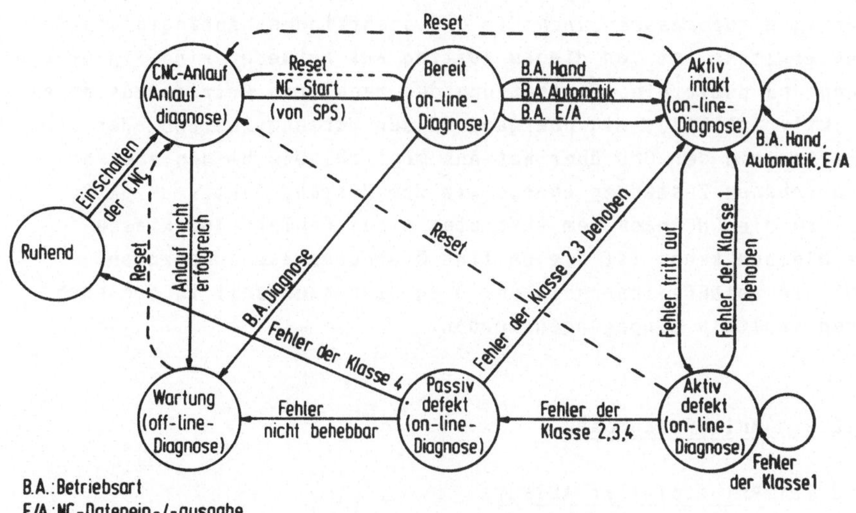

Bild 5.10: Diagnosespezifische Zustände der CNC

Direkt nach dem Einschalten der CNC wird der Zustand "CNC-Anlauf" erreicht (Bild 5.10), in dem die Initialisierung von Hard- und Software stattzufinden hat. Hier muß auch die Anlaufdiagnose ablaufen. Wird in dieser Diagnosephase ein Fehler festgestellt, der Einfluß auf die Bearbeitung hat, so ist der Anlauf abzubrechen und in den Zustand "Wartung" überzugehen. Dort ist mit Hilfe des Diagnosesystems in der off-line-Diagnosephase der Fehler zu suchen und zu beheben. Nach erfolgreichem Anlauf und Freigabe der CNC durch das von der SPS erzeugte Signal "NC-Start" geht die CNC in den Zustand "bereit" über, von dem aus sie entsprechend der gewählten Betriebsart entweder den regulären CNC-Betrieb aufnimmt oder wieder den Wartungszustand erreicht.

Im Normalfall wird die CNC im Zustand "aktiv intakt" bleiben. Darin ist eine von ihr gesteuerte Bearbeitung, die NC-Datenein- und -ausgabe, das Einrichten etc. möglich. Im Gegensatz dazu soll in dem mit "passiv defekt" bezeichneten Zustand, in den die CNC nach dem Erkennen eines Fehlers der Klasse 2,3 oder 4 (nach Kapitel 4.4.1) überzuführen ist, außer den in Kapitel 4,4,2 beschriebenen Reaktionen keine Beeinflussung des Fertigungsprozesses durch die CNC stattfinden. Abhängig von der Fehlerklasse ist von diesem Zustand aus entweder eine Fehlerbehebung und damit eine Fortsetzung des regulären Betriebszustandes ("aktiv intakt"), ein Übergang in den Wartungszustand oder ein Stillsetzen der CNC über Not Aus möglich. Den beiden eben beschriebenen Zuständen ebenso wie dem Zustand "aktiv defekt", in dem die CNC nach dem Auftreten eines Fehlers der Klasse 1 verbleiben kann, ist die on-line Diagnosephase zuzuordnen.
Auf die Abläufe innerhalb der Diagnosephasen soll in den nächsten Kapiteln eingegangen werden.

5.2.2 Anlaufdiagnose

5.2.2.1 Prinzipieller Ablauf

Der ordnungsgemäße Ablauf der Diagnose setzt die Funktionsfähigkeit bestimmter Teile der CNC voraus. In der Anlaufdiagnose muß deshalb ein stufenweiser Funktionsnachweis erbracht werden, der sich durch den Ablauf von Selbsttests verwirklichen läßt. Die Kontrolle über den Testablauf einer Stufe kann dabei nur von einem zuvor getesteten Teil ausgeübt werden. Für die in den vorigen Kapiteln definierten diagnosespezifischen Module ist dies im Bild 5.11 schematisch dargestellt.

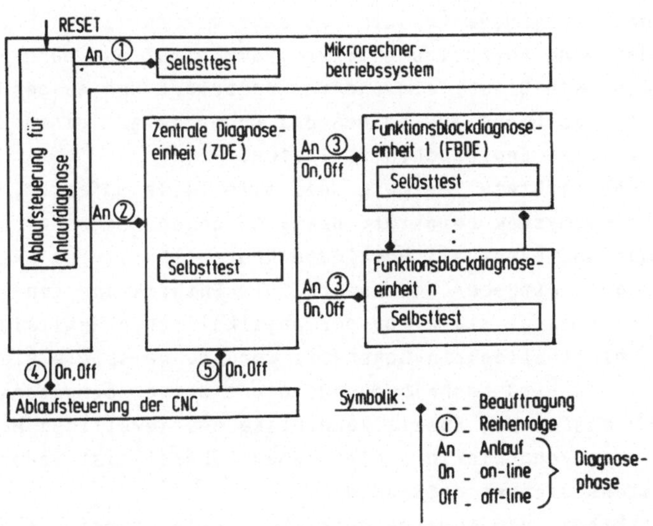

Bild 5.11: Beauftragung der diagnosespezifischen Module in der CNC

5.2.2.2 Abläufe im Betriebssystem

Grundlage der Diagnose mit Hilfe von zentraler Diagnoseeinheit (ZDE) und Funktionsblockdiagnoseeinheit (FBDE) ist die Funktionsfähigkeit des bzw. der Betriebssysteme auf den Mikrorechnermodulen. Deshalb ist nach dem Einschalten der CNC oder einem Rücksetzen in den Grundzustand (Reset) zunächst ein Selbsttest des Betriebssystems notwendig. Hierfür muß ein Testkern funktionsfähig sein. Er sollte möglichst wenig Komponenten umfassen. Ein minimaler Testkern besteht aus:

- Mikroprozessor,
- Programmspeicher,
- Adreß- und Datenbus.

Der Funktionsnachweis für diesen Kern kann durch Selbsttestprogramme nach folgendem Prinzip erbracht werden: Entwurf des Tests so, daß eine Fortsetzung im Programmablauf nur dann möglich ist, wenn ein Befehl einwandfrei decodiert und ausgeführt wurde. Trifft das nicht zu, so muß das Programm auf einen Haltepunkt oder in eine Endlosschleife laufen.

Der hier betrachtete Testkern soll alle Teile umfassen, die das Betriebssystem benötigt. Das sind neben Programm- auch Datenspeicher und eventuell bestimmte Kontrollbausteine wie programmierbare Zeitgeber und andere. Die Entwicklung von Tests für diesen Kern hängt stark von der physikalischen Realisierung ab und kann nicht allgemein behandelt werden. Beispiele hierfür sind in /18/. Es wird deshalb darauf nicht weiter eingegangen, sondern hier müssen die Spezialkenntnisse des jeweiligen Hard- ware- und Softwareentwicklers einfließen. Überall ist jedoch ein Test des Datenspeichers notwendig.

Es ist bekannt, daß moderne hochintegrierte Schreib- und Lesespeicher aus Zeitgründen nicht vollständig getestet werden können. Deshalb wurden Speichertests entwickelt, die sich auf die Entdeckung bestimmter Speicherfehler beschränken. Selbst hierbei können aber sehr lange Testzeiten zustande kommen, so daß sie nur in der off-line Phase verwendet werden können.

Der einfachste Speichertest besteht darin, den ganzen Speicher mit einem Muster zu beschreiben, auszulesen und zu vergleichen. Der Vorgang wird danach mit invertiertem Muster wiederholt. Damit können aber nur statische Einzelbitfehler erkannt werden. Die aufgrund der notwendigen Schreib-/Lesevorgänge und des Vergleiches der Speicherinhalte mit den Sollwerten benötigte Testzeit T_{Test1} beträgt hier somit mindestens :

$$T_{Test1} \geq \frac{1}{K} \cdot 4 \cdot N \cdot n \cdot T_{Takt} + \frac{2N}{K} \cdot T_{Ausw} \quad (5.3)$$

mit K : Konstante für Speicherorganisation (z.B. byteweise Organisation : K=8)

n : Anzahl der Zyklen eines Schreib- Lesevorganges

N : Anzahl der Speicherzellen

T_{Takt} : Taktzeit des Mikroprozessors

T_{Ausw} : Zeitdauer zum Auswerten des Vergleiches der Speicherinhalte (z.B. Sprung aus Programmschleife bei Nichtübereinstimmung)

Ein verbesserter Test, der die Entdeckung von Decodier- und musterabhängigen Fehlern erlaubt, besteht aus dem schrittweisen Verschieben eines Musters (z.B. bitweises Verschieben einer "1") und Vergleich des restlichen Speichers mit dem Sollwert in jedem Schritt. Hier gilt demnach:

$$T_{Test2} \geq 2 \cdot N \left(N + 2 + \frac{1}{K} \right) n \, T_{Takt} + 2 \cdot N \left(\frac{N}{K} - 1 + K \right) T_{Ausw} \quad (5.4)$$

Für einen Mikroprozessor vom Typ Intel 8086 mit T_{Takt} = 125 ns (8MHz Takt) ergibt sich bei einer Speichergröße von 1k byte (byteorientiert), n=14 für Schreiben/Lesen und T_{Ausw} = 1 µs/bit nach Gleichung (5.3) eine Testzeit von 9,2ms und nach Gleichung (5.4) von 252s. Bei einem Speicher von 64kbyte lauten die Werte 0,6s und 286 Std. Daraus kann folgender Schluß gezogen werden: In der Anlaufdiagnose und insbesonders in der on-line Diagnose ist aus Zeitgründen der Ablauf umfangreicher Datenspeichertests nicht möglich. Ein nur dem Testkern zugeordneter Speicher von begrenzter Kapazität, der gegen fremde Zugriffe geschützt ist, könnte wenigstens in der Anlaufdiagnose umfangreich getestet werden. Eine andere Lösung besteht in der Verwendung von Speicherbausteinen mit interner Fehlererkennung und -korrektur, wobei die höheren Kosten und der geringere Integrationsgrad gegenüber normalen Speichern zu berücksichtigen sind.

Die während der Anlaufdiagnose im Betriebssystem ablaufenden wesentlichen Aktionen sind im Bild 5.12 in Form eines Struktogrammes dargestellt. Fehler im Testkern können nicht toleriert werden, da er den minimal notwendigen Funktionsumfang für die nachfolgenden Operationen darstellt. Eine Fehleranzeige auf dem Bedienfeld der CNC ist in dieser Phase nicht möglich, weswegen der Testkern direkt eine Anzeige, z.B. eine Leuchtdiode auf dem Mikrorechnermodul, ansteuern können sollte. Nach erfolgreichem Selbsttest des Testkerns kann die Taskverwaltung aktiviert werden. Wie in Kapitel 5.1.1 erläutert wurde, ist sie für den Ablauf der Softwaremodule auf einem Mikrorechnermodul der CNC, also auch der Diagnoseeinheiten, notwendig.

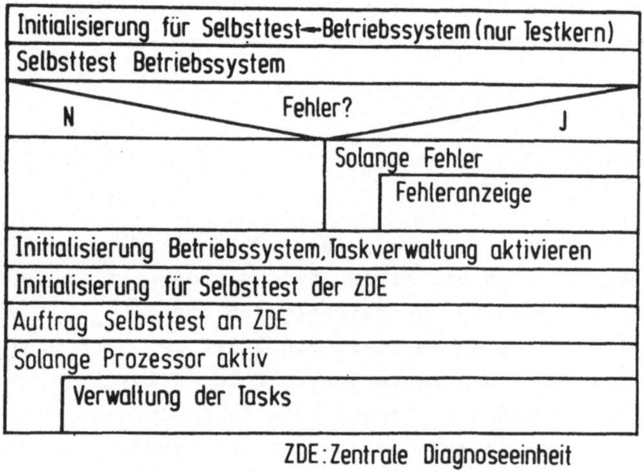

Initialisierung für Selbsttest-Betriebssystem (nur Testkern)
Selbsttest Betriebssystem
Fehler?
N
J
Solange Fehler
Fehleranzeige
Initialisierung Betriebssystem, Taskverwaltung aktivieren
Initialisierung für Selbsttest der ZDE
Auftrag Selbsttest an ZDE
Solange Prozessor aktiv
Verwaltung der Tasks

ZDE: Zentrale Diagnoseeinheit

Bild 5.12: Ablauf der Anlaufdiagnose im Betriebssystem (vereinfacht)

5.2.2.3 Abläufe in den Diagnoseeinheiten

Nach Beendigung der Anlaufdiagnose im Betriebssystem ist das Ziel des nächsten Schrittes der vollständige Funktionsnachweis für einen Funktionsblock. Dazu ist vom Betriebssystem die zentrale Diagnoseeinheit anzustoßen (vgl. Bild 5.11). Prinzipiell kann auch eine Aktivierung der CNC-Ablaufsteuerung hier stattfinden, wenn sie sich auf dem gleichen Mikrorechnermodul befindet. Diese Voraussetzung ist notwendig, da zu diesem Zeitpunkt nur die Funktionsfähigkeit des Testkerns und keine weiteren Funktionen, wie Datentransfers zwischen Mikrorechnermodulen, bekannt ist. Im allgemeinen muß dies nicht erfüllt sein, so daß auch diese Stufe der Anlaufdiagnose noch vom Betriebssystem gesteuert werden sollte.

Das Bild 5.13 zeigt den prinzipiellen Ablauf in der zentralen Diagnoseeinheit nach der Beauftragung durch das Betriebssystem. Ein wesentliches Merkmal ist das Nichterreichen des CNC-Zustandes "aktiv - intakt" (vgl. Bild 5.12), zum Schutz der Anlage nach dem Auftreten bestimmter Fehler, entsprechend der Fehlerklassifizierung in Kapitel 4.4.1. Stattdessen wird in den Wartungszustand übergegangen, in dem mit Unterstützung durch die off-line Diagnose eine Fehlerbehebung erfolgen kann. Erst danach und nach Neustart ist die CNC wieder zur Steuerung eines Bearbeitungsvorganges bereit.

Zwischen den verschiedenen Diagnoseeinheiten muß der Ablauf der Anlaufdiagnose synchronisiert werden. Die erste Synchronisationsmarke ist durch das Einschalten der CNC gegeben, wodurch zunächst die Selbsttests der Betriebssysteme ausgelöst werden. Ein wichtiger Zustand ist dann erreicht, wenn die verschiedenen Diagnoseeinheiten fertig initialisiert sind, so daß sie Diagnoseaufträge entgegennehmen und bearbeiten können. Im Bild 5.13 wird das durch die Abfrage des FBDE-Status berücksichtigt.

Den schematischen Ablauf der Anlaufdiagnose in der Funktionsblockdiagnoseeinheit (FBDE) zeigt das Bild 5.14. Nach Ausgabe der oben beschriebenen Bereitschaftsmeldungen durch die

Selbsttest ZDE (Aufruf von Betriebssystem)
N Fehler? J
Solange FBDE nicht bereit
FBDE - Status abfragen
Solange Prozessor aktiv
N Auftrag in Diagnosephase off-line? J
Ausführung der Diagnoseaufträge
Auftrag Selbsttest an alle FB
N Fehler (Klasse 2,3,4)? J
Bis Diagnose auf Systemebene abgeschlossen
Durchführung Diagnose auf Systemebene
Solange Prozessor aktiv
N Auftrag in Diagnosephase off-line? J
Ausführung der Diagnoseaufträge
N Fehler (Klasse 2,3,4)? J
Solange Prozessor aktiv
N Neuer Diagnoseauftrag? J
Ausführung des Diagnoseauftrages
Solange Prozessor aktiv
N Auftrag in Diagnosephase off-line? J
Ausführung des Diagnoseauftrages

ZDE : Zentrale Diagnoseeinheit
FBDE : Funktionsblockdiagnoseeinheit
FB : Funktionsblock

Bild 5.13: Prinzipieller Ablauf der Anlaufdiagnose in der zentralen Diagnoseeinheit

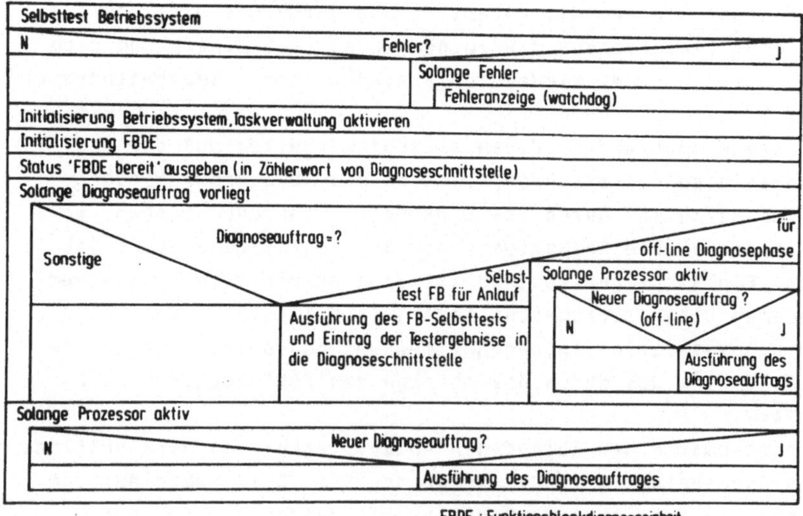

Bild 5.14: Prinzipieller Ablauf der Anlaufdiagnose in der Funktionsblockdiagnoseeinheit

Funktionsblockdiagnoseeinheit, kann die zentrale Diagnoseeinheit über die Diagnoseschnittstelle die FBDE mit Diagnoseaufträgen versorgen und somit den Ablauf der Diagnose auf Systemebene steuern. Hierbei kommen dann die nach Kapitel 4.2.2.2 zu entwickelnden Tests für die einzelnen Funktionsblöcke zur Anwendung. Beim Test des NC-Programmspeichers müssen nicht zerstörende Tests verwendet werden, da die darin befindlichen NC-Daten und maschinenspezifischen Konstanten nicht verändert werden dürfen. Eine Möglichkeit besteht im Kopieren des Inhalts vor Testbeginn in einen anderen Speicher. Ist das nicht machbar, so ist folgendermaßen vorzugehen : Bei bekannter Prüfsumme des betrachteten Speicherbereiches wird schrittweise jeweils nur ein Bit verändert, die neue Prüfsumme gebildet, mit der errechneten verglichen und danach der alte Speicherinhalt wiederhergestellt.

Nach Beendigung der Anlaufdiagnose ist die Ablaufsteuerung der CNC freizugeben, die nun den funktionsblockspezifischen CNC-Anlauf bis zum Erreichen des Betriebszustandes ("bereit" in Bild 5.10) steuern muß. In den sich anschließenden Diagnosephasen können von ihr dann Diagnoseaufträge an die zentrale Diagnoseeinheit bzw. Funktionsblockdiagnoseeinheit vergeben und von diesen selbständig bearbeitet werden. Damit ist eine Entkopplung zwischen der eigentlichen CNC-Ablaufsteuerung und der Diagnose gegeben und eine einfache Anpassung des Diagnosesystems an unterschiedliche Strukturen möglich.

5.2.3 On-line Diagnose

5.2.3.1 Prinzipieller Ablauf

Beim Entwurf des Diagnoseablaufes für die on-line Phase müssen besonders die Laufzeiten der verschiedenen Testprogramme betrachtet werden. Es ist hierbei das Zeitraster zu berücksichtigen, in dem das Betriebssystem jeweils neu entscheidet, welcher Task der Rechner zugeteilt wird. Nach dieser Zeit wird der Ablauf des Testprogramms unter Umständen unterbrochen und bis zu seiner Fortführung können Testdaten verändert werden. Es eignen sich deshalb in erster Linie nach dem Überwachungsprinzip entworfene Testprogramme. In dieser Phase dürfen Prüfungen, wozu gemäß Bild 5.9 die Auftrennung des normalen Datenflusses für die zu diagnostizierende Einheit notwendig ist, nur ablaufen, wenn diese Einheit während der Testzeit keine CNC-spezifischen Funktionen ausführen muß. Voraussetzung dafür ist eine genaue Kenntnis der zeitlichen Abläufe in der CNC.

Unabhängig von einem speziellen Anwendungsfall können i.a. folgende Diagnosefunktionen implementiert werden, die von zentraler Diagnoseeinheit oder Funktionsblockdiagnoseeinheit zu kontrollieren sind:

- Gegenseitige Überwachung der Softwarewatchdogs zur Diagnose auf Systemebene,
- Vergleich der Prüfsummen von Systemprogramm- und NC-Datenspeicher,
- Retten des CNC-Status:
  . Betriebsart der CNC, NC-Programmnummer, NC-Satznummer bei jedem Wechsel,
  . Istwerte im Raster des Abtasttaktes für die Lageregelkreise.

Während die Statusinformationen synchron zur Decodierung der NC-Daten bzw. zum Lageregeltakt gerettet werden müssen, ist der Ablauf der Beobachtungen an kein festes zeitliches Raster gebunden. Hier gilt der Grundsatz: Aktivierung so oft wie möglich, um Fehler frühzeitig zu erkennen, ohne jedoch das Echtzeitverhalten zu verschlechtern. Die in Kapitel 5.1.1 beschriebene Struktur des Einbaus der Diagnoseeinheiten in ein Betriebssystem mit dynamischer Prioritätssteuerung der Tasks erfüllt diese Forderung.

5.2.3.2. Diagnoseeinheiten

Die Fehlerbewertung und das Einleiten von Reaktionen kann innerhalb der CNC-spezifischen BF oder durch die zentrale Diagnoseeinheit stattfinden. Im letzteren Fall ist die aktive Fehlerbewertung auch durch die Ablaufsteuerung der CNC denkbar, indem sie Maßnahmen aufgrund der Testergebnisse von der zentralen Diagnoseeinheit einleitet, während diese selbst passiv ist. Die Ablaufsteuerung sollte sich dann aus den schon in Kapitel 5.2.2 erwähnten Gründen auf dem gleichen Mikrorechnermodul wie die zentrale Diagnoseeinheit befinden. Die Fehlerbewertung innerhalb der CNC-spezifischen BF ist funktionsabhängig und muß vom jeweiligen Entwickler individuell realisiert werden.

Bei Anwendung des Prinzips der verteilten Diagnose müssen Strategien zum Einleiten von Reaktionen bei Ausfall einer Funktionsblockdiagnoseeinheit vorgesehen werden, die von der jeweiligen CNC-Struktur abhängig sind. Der logisch nächste Schritt bei Wahl dieses Diagnoseprinzips ist, neben den Reaktionen auf einen Fehler, die Aufrechterhaltung der Funktionsfähigkeit der CNC und damit eine fehlertolerante CNC-Struktur. Dafür muß im System entweder Hardwareredundanz in Form von Ersatzeinheiten oder Zeitredundanz in Form von zeitlich nicht ausgelasteten Mikrorechnerkomponenten vorhanden sein. Wegen der hohen Bearbeitungs- und Eilganggeschwindigkeiten moderner Werkzeugmaschinen werden jedoch sehr kurze Rekonfigurationszeiten von einer fehlertoleranten CNC gefordert.

5.2.4 Off-line Diagnose

Im Gegensatz zu den beiden anderen Diagnosephasen ist hier zur Diagnose eine Kommunikation mit dem Bediener notwendig, der Diagnosefunktionen gemäß den in Kapitel 2.4 ermittelten Aufgaben gezielt auswählt und aktiviert. Als Kommunikationsschnittstelle zu ihm kann die funktionsfähige Bedientafel der CNC verwendet werden. Zusätzlich ist eine weitere Schnittstelle für den Anschluß eines Bediengerätes oder die Kopplung zu einem übergeordneten System, z.B. für Ferndiagnose, vorzusehen (Bild 5.6). Sie sollte direkt vom Testkern der zentralen Diagnoseeinheit ansprechbar sein, um z.B. auch bei defekter Bedientafel eine Kommunikation zu ermöglichen.

Die prinzipielle Strukturierung der in den Kommunikationsbausteinen zu realisierenden Bedienabläufe für diese Diagnosephase zeigt das Bild 5.15. Zunächst ist zwischen einer Diagnose vor Ort und der Ferndiagnose zu unterscheiden. Zur Vermeidung von Konfliktfällen muß im zweiten Fall die Priorität der Meldungen von den Bedienelementen festgelegt werden:

- Bedientafel an der CNC und "Fernbedientafel" sind gleichberechtigt oder
- "Masterfunktion" einer Bedientafel.

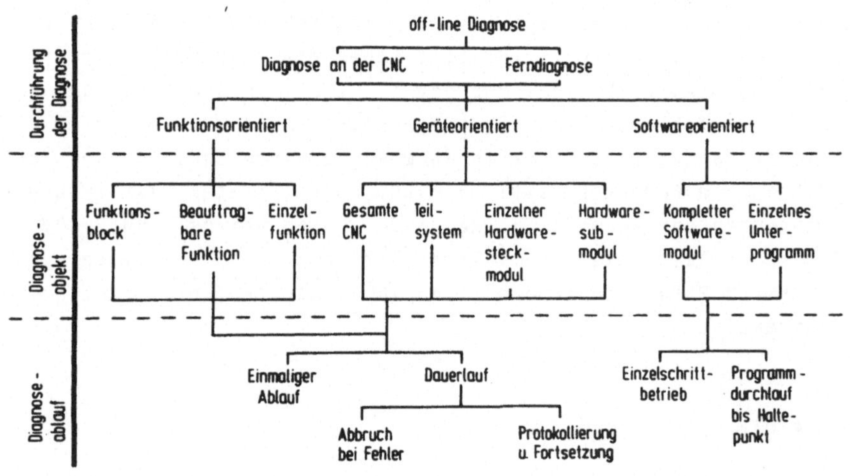

Bild 5.15: Prinzipielle Vorgehensweise bei der off-line Diagnose

Grundsätzlich kann die Diagnose funktions-, geräte- oder softwareorientiert ablaufen. Die im Kapitel 4 vorgestellten Verfahren zur Diagnose und im Kapitel 5 definierten Diagnoseschnittstellen enthalten alle dafür benötigten Informationen. Gemäß diesen unterschiedlichen Betrachtungsweisen sind die im Bild 5.15 dargestellten Diagnoseobjekte von Bedeutung. - Hinsichtlich des zeitlichen Ablaufes können einmalige Testvorgänge von fortlaufenden unterschieden werden, wobei das Abbruchkriterium, bei funktions- und geräteorienter Betrachtungsweise, eine vorgebbare Anzahl von Durchläufen, eine Zeitspanne oder ein Ereignis sein kann.

Die Implementation einer softwareorientierten off-line Diagnose ist für konfigurierbare Steuerungen notwendig, um ohne die Entwickler der einzelnen Softwaremodule, z.B. auch unterschiedlicher Hersteller, das Zusammenspiel von Softwarekomponenten unter realen Bedingungen testen zu können. Das gilt insbesonders für die Softwareteile zur Verarbeitung von Unterbrechungsmeldungen (Interrupt) und Versorgung von Schnittstellen zwischen den einzelnen intelligenten Einheiten oder zur Fertigungseinrichtung. Ein schon in der Planungsphase berücksichtiges integriertes Diagnosesystem ist somit auch ein Hilfsmittel zur Verkürzung der Entwicklungszeit und zum Produktendtest von konfigurierbaren Steuerungen.

6 Realisierung von Bausteinen eines integrierten Überwachungs- und Diagnosesystems

In diesem Kapitel sollen beispielhaft einige der im Rahmen dieser Arbeit entstandenen Diagnosebausteine kurz beschrieben werden. Sie wurden bei verschiedenen Anwendungen für Steuerungen nach dem MPST-Konzept eingesetzt /49, 57, 58/.

6.1 Zentrale Diagnoseeinheit

Wie in Kapitel 4.2.1 ausgeführt wurde, ist die Funktionsfähigkeit des Mikrorechnerbusses, der die intelligenten Einheiten der CNC verbindet, für die Diagnose von besonderer Bedeutung. Für die Realisierung einer zentralen Diagnoseeinheit (ZDE) auf der Basis eines Standardmikrorechnermoduls wurde ein Zusatz entwickelt und erprobt (Bild 4.1), der eine Beobachtung des Datenaustausches über den MPST-Bus /53/ und eine Prüfung der Kommunikation zwischen den daran angeschlossenen Mikrorechnermodulen ermöglicht. Darüberhinaus wird durch Vergleich der von diesem Zusatz erfaßten Signale des MPST-Busses mit den internen Daten der ZDE auch ein Selbsttest der ZDE für die Teile von ihr möglich, die den Datentransfer von/ zum Bus steuern.

6.1.1 Anforderungen an die Hardware

Zur Bestimmung der Anforderungen an den Zusatzmodul sind zunächst die Gründe für eine Funktionsbeeinträchtigung des Datenaustausches über den Bus zu betrachten. Der trivialste aber auch seltenste Fall ist eine physikalische Unterbrechung der Verbindungen zwischen den einzelnen Anschlußstellen des Busses. Häufiger und wesentlich schwieriger sind Fehler zu erkennen, die durch

- gleichzeitigen Zugriff verschiedener Teilnehmer auf den MPST-Bus,

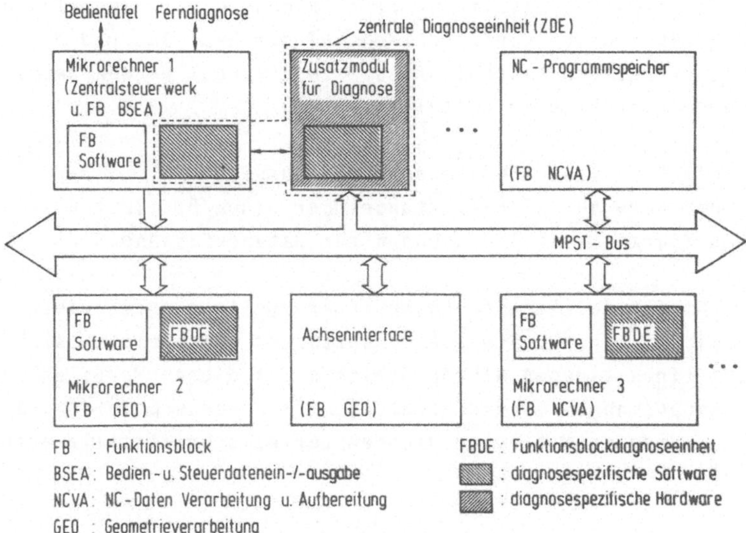

Bild 6.1: Zusatzmodul für Überwachung und Diagnose als Bestandteil einer CNC

- Zugriffe infolge verfälschter Teilnehmeradressen,
- Zugriffe infolge verfälschter Steuersignale,
- verfälschte Daten

hervorgerufen werden. Der gleichzeitige Zugriff kann seine Ursache in fehlerhafter Software oder Hardware haben, jeweils in den Teilen, die die Busanforderung und -zuteilung bearbeiten. Durch gleichzeitigen Zugriff können Daten und Adressen verfälscht werden. Der Grund für verfälschte Teilnehmeradressen, Steuersignale und Daten infolge von Hardwarefehlern sind meist Defekte in den sogenannten Bustreibern. Diese Bauteile übernehmen die physikalische Ankopplung der Teilnehmer an den MPST-Bus. In der Praxis besteht eine besondere Schwierigkeit darin, daß Fehler in den Treibern in der Regel nicht sofort zu einem vollständigen Verlust der Funktionsfähigkeit führen, sondern daß eine Abhängigkeit zum einen von bestimmten Ein-/Ausgängen des Bauteiles und zum anderen von der Konfiguration auf dem MPST-Bus und der Dauer der Datentransfers besteht. An den Zusatzmodul werden deshalb folgende Anforderungen gestellt:

- Erfassen aller Signale des MPST-Busses,
- Speichern der Signalzustände über einen bestimmten Zeitraum,
- Wählbarkeit der Bedingungen zur Datenerfassung.

Darüberhinaus sollte eine Datenvorverarbeitung durch diesen Modul möglich sein, um die ZDE zu entlasten. Dazu bietet sich der Einsatz eines eigenen Mikroprozessors für diesen Modul an. Um eine Ankopplung an unterschiedliche Mikrorechnermodule zu ermöglichen, wurde er mit einer eigenen Seriellschnittstelle ausgestattet.

6.1.2 Struktur der realisierten Hardware

Die Grobstruktur der Hardware zeigt das Bild 6.2. Der Modul besteht aus den beiden Hauptteilen Signalerfassung und -aufbereitung. Die wichtigsten Funktionseinheiten der Signalerfassung sind der Speicherblock mit Multiplexer und die Speichersteuerung mit Adreß-/Befehlsdecodierung, Adressengenerator, Adreßauswahl, Befehlsspeicher und Triggerauswahl. Der Signalaufbereitungsteil enthält einen Mikrorechner, bestehend aus einem Mikroprozessor mit integrierten Schnittstellenbausteinen (Intel 8031), einem Programmspeicher und der Signalanpassung für die Seriellschnittstelle.

Die Speichersteuerung wurde aus Geschwindigkeitsgründen durch die beschriebenen speziellen Hardwarebaugruppen realisisert, obwohl diese Aufgabe prinzipiell auch vom Mikrorechner des Signalverarbeitungsteils übernommen werden kann. Durch die gewählte Lösung ist gewährleistet, daß alle aufeinanderfolgenden Datentransfers auf dem MPST-Bus erfaßt werden. Ebenfalls Geschwindigkeitsgründe haben die Wahl der Lage des Multiplexers zwischen MPST-Bus und Speicherblock bestimmt. Beim Einbau des Multi-

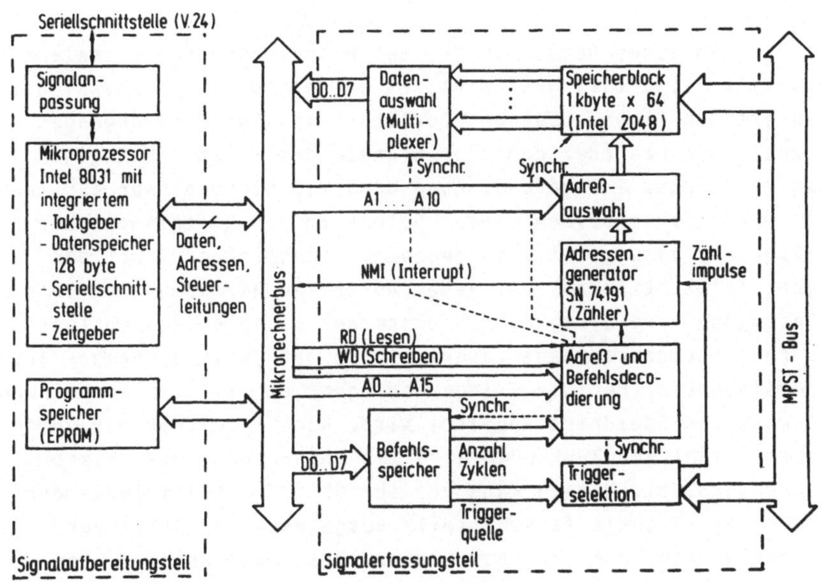

Bild 6.2: Grobstruktur des Moduls zur Erfassung von Signalen des MPST-Busses

plexers zwischen MPST-Bus und Speicherblock kann zwar die Anzahl der benötigten Treiberbausteine zum MPST-Bus und die Anzahl der Speicherbausteine reduziert werden, es ist damit aber keine gleichzeitige Erfassung aller Signale des MPST-Busses möglich. Der gesamte Modul befindet sich entsprechend der MPST-Norm auf einer Elektronikkarte im "Doppeleuropaformat" und besteht aus 34 Bauelementen in TTL-Technik, 16 Speicherbausteinen mit einer Speicherkapazität von jeweils 1 kbyte 4 bit und dem Mikroprozessor mit Programmspeicher (Bild 6.2).

6.1.3 Einsatzmöglichkeiten

Zunächst soll kurz auf den Ablauf der Erfassung und Speicherung von Signalen des MPST-Busses mit dem entwickelten Modul eingegangen werden. Der Vorgang wird vom Mikrorechner des Moduls durch

Einschreiben eines Datums in den Befehlsspeicher des Signalerfassungsteils (Bild 6.2) gestartet. Es enthält u.a. die Anzahl der einzulesenden Signalzustände. Der Start des Speichervorganges ist vom Zustand eines oder mehrerer Signale des Busses abhängig. Diese sogenannte Triggerbedingung wird vom Mikrorechner aus ebenfalls durch Einschreiben eines Datums in den Befehlsspeicher des Signalerfassungsteils vorgegeben. Anschließend läuft der Vorgang selbsttätig ab: bei jedem Auftreten der gewählten Triggerbedingung wird durch die Hardware des Signalerfassungsteils eine neue Speicheradresse generiert, so daß jeder Signalzustand des MPST-Busses, der die Triggerbedingung erfüllt, in einem neuen Datenwort des Speichers abgelegt wird. Nach Erreichen der vorgegebenen Anzahl von Zuständen wird ein Interrupt an den Mikrorechner gemeldet. Danach kann von ihm über den Multiplexer der Speicher des Signalerfassungsteils ausgelesen und Daten verarbeitet werden (z.B. Durchsuchen auf bestimmte Muster). Der Mikrorechner ist damit vom Einlesevorgang entkoppelt und kann während dieser Zeit z.B. einen Auftrag von der zentralen Diagnoseeinheit (ZDE) entgegennehmen oder Ergebnisse übermitteln.

Die beschriebenen Funktionen ermöglichen einen Einsatz des Moduls in allen drei Diagnosephasen. In der Anlauf- und offline Phase läuft eine Prüfung der Kommunikation über den MPST Bus prinzipiell folgendermaßen ab:

- ZDE teilt Zusatzmodul mit, daß als nächstes Teilnehmer i den Teilnehmer k testen soll (Diagnose auf Systemebene),
- Zusatzmodul wählt Triggerbedingung (Adresse von Teilnehmer k),
- ZDE erteilt Teilnehmer i Diagnoseauftrag,
- Zusatzmodul protokolliert Datenaustausch zwischen den Teilnehmern i und k, wertet die Daten aus (z.B.Vergleich, ob richtige Adressen) und übermittelt die Ergebnisse an die ZDE.

Wenn genügend Zeit für zyklische Prüfungen besteht, kann in der on-line Phase ebenso verfahren werden. Eine andere Möglichkeit der Busüberwachung in dieser Diagnosephase besteht in der Auswertung von Informationen des Interruptvektors. Im MPST-System /53/ muß jeder Teilnehmer einen Bustransfer bei der zentralen Steuereinheit anmelden. Neben dem Aktivieren von Steuersignalen setzt der Teilnehmer zur Identifikation durch die zentrale Steuereineit den Interruptvektor ab. Er enthält sowohl die Adresse des interruptgebenden Teilnehmers als auch die Zieladresse. Durch Übergabe der Interruptvektoren an den Zusatzmodul kann der Datentransfer überwacht werden.

Neben der Prüfung läßt sich der Modul auch zur Beobachtung und Protokollierung des Datenaustausches zwischen verschiedenen Teilnehmern einsetzen. In diesem Fall wird der Speicher für die Daten vom MPST-Bus als FIFO-Speicher (first in, first out) organisiert, so daß hier immer die letzten 1024 Busoperationen gespeichert sind. Damit kann der Ablauf, der zu einem Fehler geführt hat, nachvollzogen werden.

Der Zusatzmodul erweitert die Möglichkeiten einer ZDE auf der Basis eines Standardmikrorechnermoduls beträchtlich. Nicht erkannt werden können damit Funktionsbeeinträchtigungen des Busses, die zeitlich wesentlich kürzer sind als die Zykluszeit der verwendeten Speicher (hier 70 ns). In solchen Fällen sind die aus der Mikrorechnerentwicklung bekannten Logikanalysatoren zu verwenden.

6.2 Diagnosealgorithmus für die Diagnose auf Systemebene

Aufbauend auf den schon in Kapitel 4.3.1.1 beschriebenen Grundprinzip für die Erstellung eines Algorithmus zur Bestimmung defekter Einheiten bei gegebenem Testgraphen und -ergebnis, wurde für das Konzept der zentralen Diagnose der in Bild 6.3 dargestellte Algorithmus entworfen und erprobt.

Der Erstellung der Listen, die den Systemzustand aus der Sicht jeder Einheit darstellen, liegt folgende Strategie zugrunde: Beginnend mit einer Einheit wird der gesamte Testgraph entlang eines Pfades durchsucht, dessen Fortsetzung durch ein Urteil "intakt" bestimmt ist und die Testurteile der auf diese Weise ausgewählten Einheiten in eine Liste eingetragen. Beim

Durchwandern des Graphen sind dabei die schon besuchten Einheiten zu markieren, um ein Verfangen in Endlosschleifen zu vermeiden, wie z.B. bei dem Testgraph des Bildes 4.12. Der so ermittelte Systemzustand stellt den wahren Systemzustand dar, da nach Voraussetzung die Testurteile der benutzten intakten Einheiten vertrauenswürdig sind, sofern nicht die Einheit, bei der die Durchwanderung begann, selbst defekt ist. Durch Vergleich der erstellten Listen werden die defekten Einheiten bestimmt, weil n-D Listen identisch sein müssen. Das Durchsuchen der Graphen wurde in Anlehnung an die bekannten Verfahren der "gerichteten Tiefensuche" und der "gerichteten Breitensuche" /55/ realisiert. Mit dem Algorithmus nach Bild 6.3, basierend auf der gerichteten Tiefensuche, konnten die besten Ergebnisse in bezug auf Speicherplatz und Laufzeit erreicht werden.

Die Realisierung des Algorithmus in einem Programm wurde, wegen der guten Strukturierungsmöglichkeiten von Daten, in der Sprache PASCAL vorgenommen und ist im Bild 6.3 anhand von Struktogrammen dargestellt. Der Testgraph und die Testergebnisse sind in einer einzigen quadratischen Matrix (SYS in Bild 6.3) in der Datenstruktur ARRAY abgelegt. Die Elemente der Matrix bestehen ihrerseits wieder aus einer Datenstruktur vom Typ RECORD. Sie enthält ein Feld zur Markierung der durch das Matrixelement bestimmten Einheit beim Durchsuchen des Testgraphen und ein Feld, das die Testurteile enthält. Die Bedeutung der Matrixelemente a_{ij} von "SYS" wurde folgendermaßen festgelegt:

a_{ij} = 1: Testurteil von Einheit i über Einheit j lautet intakt;
a_{ij} = 0: ... defekt;
a_{ij} = N: Keine Testverbindung zwischen Einheit i und Einheit j.

Das in die Maschinensprache eines Mikrorechners vom Typ Intel 8086 compilierte Programm benötigt 1,5 kbyte Programm- und 440 byte Datenspeicher. Die auf diesem Rechner ermittelten Laufzeiten des Programmes für die Testgraphen aus den Bildern 4.10 und 4.11 lagen zwischen 4 ms und 8 ms.

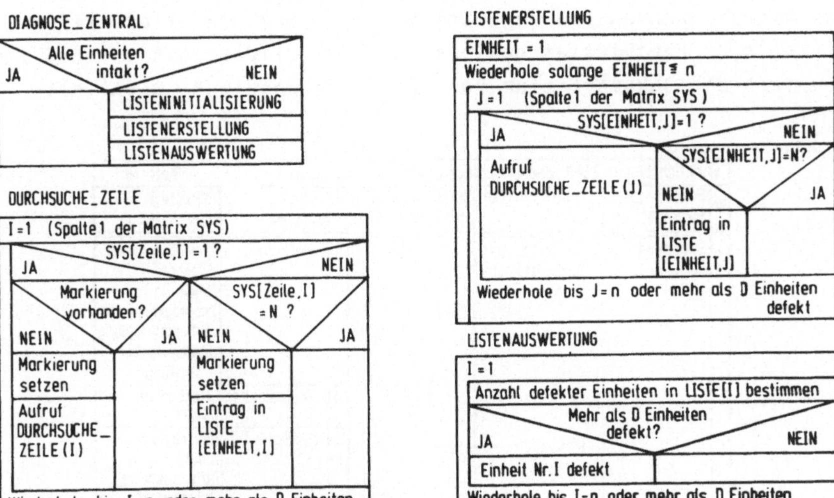

Bild 6.3: Diagnosealgorithmus für Diagnose auf Systemebene

6.3 Testprogrammdatei

Anhand einer erstellten Testprogrammdatei für eine CNC zur Steuerung einer Wälzfräsmaschine soll die praktische Anwendung der im Kapitel 4.2 aufgezeigten Vorgehensweise am Beispiel des Funktionsblockes Bedien- und Steuerdatenein- und -ausgabe (BSEA) gezeigt werden.

Die Testprogrammerstellung läuft in mehreren Stufen ab. Ausgehend von einem Funktionsblock werden anhand der beauftragbaren Funktionen (BF) und Einzelfunktionen (EF) zunächst die Testfunktionen, wie in Bild 4.18 beschrieben, ermittelt. Um Mehrfachentwicklungen von Testprogrammen zu vermeiden, muß eine geeignete Dokumentationsform vorhanden sein, die es ermöglicht, anhand der Spezifikation für die konfigurierte Steuerung, aus einem Katalog die entsprechenden Testprogramme auszuwählen, bzw.

das Nichtvorhandensein zu entnehmen. Als Dokumentationshilfsmittel sind Formblätter geeignet. In den Bildern 6.4 ... 6.6 ist ein Teil der Dokumentation für den Funktionsblock "BSEA" mit

Funktionsblock: BSEA (Bedien-u. Steuerdaten Ein-/Ausgabe)						Blatt Nr.1
Nr.	Beauftragbare Funktion (BF)	Nr.	Einzelfunktion (EF)	Hardwaremodul (austauschb. Einh.)	Hardware-submodule	getestete Funktionen
1	Erfassung von Bedienoperationen	1	Abfragen von Bedienelementen	ZST	Rechnerkern	Speicherbereichsselektion Inhalt Daten-u. Programmspeicher µP-Busankopplung µP-Befehlsabarbeitung
					CRU-Bus Selektion	Selektion der USART
					Seriellschnittstelle	Betriebsarten USART Datenausgabe Dateneingabe
				Speichererweiterungskarte	EPROM Speicherblock RAM "	Speicherbereichsselektion Dateninhalt
		2	Auswertung der Tastaturmeldungen	ZST	Rechnerkern	dto. EF1
				Speichererweiterungskarte	EPROM Speicherblock RAM "	... dto. Funktionen aus EF1
2	Ausgabe von Anzeigeinform.	3	Bereitstellen von Anzeigeinformationen	ZST	Rechnerkern	dto. EF1
					MPST-Busankopplung	Schreiben auf MPST-Bus Lesen von MPST-Bus
					Progr. Interface (TMS 9901)	Erzeugung der Steuersignale für MPST-Bus

Bild 6.4: Formblatt zur Ermittlung der zu testenden Funktionen für die Hardwarediagnose eines Funktionsblocks

Hilfe des verwendeten Formblätter dargestellt, wobei aus Gründen der Übersichtlichkeit getrennte Formblätter für die Hardware- und Softwarediagnose verwendet wurden. Den beauftragbaren Funktionen

Funktionsblock: BSEA (Bedien- u. Steuerdaten Ein-/Ausgabe)						Blatt Nr. 1	
Nr.	Beauftragbare Funktion (BF)	Nr.	Einzelfunktion (EF)	Softwaremodul	Unterprogramme	getestete Funktionen	Testprogrammnamen
1	Erfassung von Bedienoperationen	1	Abfragen von Bedienelementen	Name: TASTAB 1 Aufgabe: Erfassung der Zustände von Tasten und Kippschaltern	Name: BEEINL 1 Aufgabe: Einlesen der Zustände von Tasten und Kippschaltern	Zustandserfassung im unbetätigten Zustand	TBEAB 1
						Erfassung jedes einzelnen Bedienelements	TBEAB 2
					Name: ENTP 1 Aufgabe: Entprellung der Daten von Bedienelementen	Erfassung der Änderung von Zuständen der Bedienelemente (Zeit!)	TBEAB 3
				Name: TASTAB 2 Aufgabe: dto. TASTAB 1 für Drehschalter	Name: BEEINL 2 Aufgabe: dto. BEEINL 1 für Drehschalter	dto. EF 1	TBEAB 4
					Name: ENTP 1 dto. EF 1	dto. EF 1	TBEAB 3
		2	Auswertung der Tastaturmeldungen	Name: AUSW Aufgabe: Erzeugung von Meldungen an Funktionsblöcke	Name: MELDER Aufgabe: Codierung der Meldungen im gewünschtem Format	Prüfung der Syntax der erzeugten Meldungen	TBAUS 1
					Name: SEND Aufgabe: Übertragung an Funktionsblöcke	Übertragung an richtiges Ziel	TBAUS 2

Bild 6.5: Formblatt zur Ermittlung der zu testenden Funktionen für die Softwarediagnose eines Funktionsblocks

- Erfassen von Bedienoperationen,
- Ausgabe von Anzeigeinformationen,
- NC-Dateneingabe/-ausgabe,
- Beauftragung anderer Funktionsblöcke

werden mit Hilfe der benötigten Einzelfunktionen

- Abfragen von Bedienelementen,
- Auswertung von Tastaturmeldungen,
- Ausgabe von Informationen an Lampen und Leuchtdioden,
- Ausgabe von Informationen auf das Display,
- Editieren von Dateien über das Bedienfeld,
- Ein- und Ausgabe über Seriellschnittstelle,

- Ausgabe von Bedieninformationen,
- Auswertung von Bedieninformationen,
- Datenaustausch mit dem Funktionsblock Geometrieverarbeitung

Hardwaremodule und -submodule, bzw. Softwaremodule und Unterprogramme, zugeordnet, wie das im Bild 6.5 für die Softwarediagnose dargestellt ist.

In der Praxis hat sich für die Hardwarediagnose eine weitere Untergliederung bewährt. Das Bild 6.6 zeigt einen Auszug aus der Analyse des für den betrachteten Funktionsblock benötigten Hardwaremoduls zentrale Steuereinheit (ZST). Es handelt sich dabei um

Hardwaremodul (austauschbare Einheit): ZST			Blatt Nr.: 1			
Hardware-submodule	Testeinheiten	getestete Funktionen	Testprogramme			
			Name	Diag.phase 1	2	3
Rechnerkern	RAM-Speicher	Chip-Selekt	RAMT01	x	x	x
		Leseverstärker, Eingangsstufen	RAMT02	x		x
		Leseverstärker, Adressierung	RAMT03	x		x
		Überprüfung der Speicherzellen	RAMT04	x		x
	EPROM-Speicher	Chip-Selekt Bereich 1 (0...2000H)	RAMT5	x	x	x
		Prüfsumme vergleichen		x	x	x
	µP TMS 9900	Anlauf nach RESET	ANTST1	x		
	+Taktgeber TMS 9904	Befehlssatz 9900	DECOTST	x		x
	+Resetlogik	Interrupterkennung + Verarbeitung	IRTST 1			x
	µP-Busankopplung	Daten/Adreßtreiber durchschalten und sperren	in Speichertest enthalten	x	x	x
CRU-Bus Selektion	Zwischenspeicher	Speicherung der Adressen	CRUTST 1			x
	Decodierlogik	Decodierung der Adreßleitungen A3 und A9 → Selektion von USART, LED-Anzeige	CRUTST 2			x
Seriellschnittstelle	USART TMS 9902	Datum von USART lesen	USATST 1	x	x	x
		Daten in USART schreiben	USATST 2			x
		Status von USART abfragen	USATST 3	x	x	x
	Signalanpassung	Erzeugung der Leitungssignale	USATST 4			x
		Empfang der Leitungssignale	USATST 5			x

1: Anlauf
2: On-line
3: Off-line

Bild 6.6: Formblatt zur Ermittlung der Testprogramme für die Hardwarediagnose (Bsp.: Hardwaremodul "ZST")

einen industriell gefertigten Mikrorechnermodul aus dem MPST-System auf der Basis des 16 bit Mikroprozessors TMS 9900 mit Baugruppen zur Ankopplung an den MPST-Mikrorechnerbus und das Bedienfeld.

Die ermittelten Hardwaresubmodule

- Rechnerkern,
- MPST-Busankopplung,
- programmierbares Interface,
- CRU-Busankopplung,
- Seriellschnittstelle

werden in einem weiteren Schritt anhand des Blockschaltbildes in einzelne Testeinheiten unterteilt, dafür Testfunktionen bestimmt und für diese Testprogramme entwickelt. Sie können auf dieser Ebene auch ohne Kenntnisse des Gesamtsystems von den entsprechenden Entwicklungsspezialisten erstellt werden. Unter Berücksichtigung der Kriterien in Kapitel 4.2 ist anschließend die Eignung für die verschiedenen Diagnosephasen zu prüfen und für die weitere Verwendung der Testprogramme festzuhalten (Bild 6.6).

Für den beschriebenen Funktionsblock wurden insgesamt 24 Testprogramme zur Hardwarediagnose entwickelt, die einen Speicherplatz von ca. 1,5 kbyte benötigen. Der Speicherplatz für die Testprogramme zur Hardwarediagnose liegt, je nach Funktionsblock zwischen 1..2 kbyte, so daß bei einer Standard-CNC mit den 4 Funktionsblöcken nach Bild 4.16 mit ca. 6 kbyte Programmspeicher für die Testprogramme zur Hardwarediagnose zu rechnen ist, zusätzlich den Testprogrammen für die Softwarediagnose.

Die Testprogramme werden für den beschriebenen Anwendungsfall eines in der CNC integrierten Diagnosesystems und für den Funktionstest einzelner Mikrorechnerkarten bzw. Kombinationen aus verschiedenen Karten beim Komponentenhersteller benutzt. Das Bild 6.7 zeigt Beispiele für die Nutzung der Testprogramme durch den Steuerungsanwender.

```
****** OFF- LINE DIAGNOSE ****************************************************

------ Auswahl Diagnoseobjekt : ----------------------------------------------
       Gesamte CNC                        (GC)      Gewaehlt: FB
       Funktionsblock                     (FB)
       Hardwaremodul                      (HM)
       Softwaremodul                      (SM)

------ Auswahl Funktionsblock :
       Bedien- u. Steuerdaten             (BSEA)    Gewaehlt: BSEA
       NC- Decodierung                    (NCVA)
       Geometrieverarbeitung              (GEO)
       Technologiedatenverarbeitung       (TECH)

------ Diagnoseablauf : ------------------------------------------------------
       Einmalig                           (E)       Gewaehlt: E
       Dauerlauf                          (D)
       Abbruch bei Fehler                 (A)

------ Diagnoseergebnis : ----------------------------------------------------
       Fehler in BSEA !!!   Moegliche Fehlerorte!
                            Hardwaremodule ! Speicherbaugruppe 1
                            Softwaremodule ! AUSW
```

```
------ Auswahl Diagnoseobjekt : ----------------------------------------------
       Gesamte CNC                        (GS)      Gewaehlt: SM
       Funktionsblock                     (FB)
       Hardwaremodul                      (HM)
       Softwaremodul                      (SM)

------ Name des Softwaremoduls eingeben :                      AUSW
       (Uebersicht = Eingabe von 'Help)

         Eingabedaten = Bedienelementekennungen : 0110
                                                  22
         Ausgabedaten = Erzeugte Meldungen      : JOG Z 100.000 CRLF


       Weiter ?                           (J/N)     Gewaehlt: N
```

```
------ Auswahl Diagnoseobjekt : ----------------------------------------------
       Gesamte CNC                        (GS)      Gewaehlt: HM
       Funktionsblock                     (FB)
       Hardwaremodul                      (HM)
       Softwaremodul                      (SM)


------ Name des Hardwaremoduls eingeben :           SPEICHER1
       (Uebersicht = Eingabe von 'Help)

------ Diagnoseablauf : ------------------------------------------------------
       Einmalig                           (E)       Gewaehlt: A
       Dauerlauf                          (D)
       Abbruch bei Fehler                 (A)

------ Start Testablauf ?                 (J/N)     Gewaehlt: J

------ Diagnoseergebnis : ----------------------------------------------------
       Fehler in SPEICHER1 !!!                      Anzahl Durchlaeufe = 07
```

Bild 6.7: Beispiele zum Dialog bei der off-line Diagnose

Die Auswertung der Fehlermatrizen zeigte, daß eine Fehlerlokalisierung auf der Ebene austauschbarer Einheiten gegeben ist. Für die Reparatur von Komponenten ist eine Fehlerlokalisierung bis auf Bauteileebene wünschenswert. Dies war bei der untersuchten Hardware nur durch Hilfsmittel zur Erfassung zusätzlicher Signale möglich. Bei geeignetem Entwurf müßte aber auch darauf verzichtet werden können, da zukünftig mit der Verwendung weniger, dafür aber höher integrierter Bauteile zu rechnen ist.

Im praktischen Einsatz konnten insbesonders durch Dauerlauf gute Ergebnisse im Finden von transienten Fehlern und Schwachstellen infolge von Temperatureinflüssen erzielt werden.

7 Zusammenfassung

Mit integrierten Überwachungs- und Diagnosesystemen in numerischen Steuerungen (CNC) läßt sich die Verfügbarkeit und Sicherheit numerisch gesteuerter Fertigungseinrichtungen erhöhen. Sie sind eine wichtige Voraussetzung für den Aufbau komplexer Steuersysteme und ermöglichen eine Wartung der gesamten Anlage durch den Maschinenanwender.

Die Hauptaufgaben eines integrierten Überwachungs- und Diagnosesystems für numerische Steuerungen sind Fehlererkennung, -lokalisierung und eine Bewertung der Fehler. Es wurde untersucht, inwieweit numerische Steuerungen den gestellten Anforderungen genügen. Der hierbei betrachtete Diagnosebereich besteht aus Steuerungshardware und Systemsoftware der CNC. Die dem Steuerungsanwender für Fehlerlokalisierung und -bewertung zur Verfügung gestellten Hilfsmittell lassen bei bestehenden Systemen Wünsche offen. Insbesonders für konfigurierbare Steuerungen fehlt ein Systemkonzept für die integrierte Diagnose, das die Erstellung von Überwachungs und Diagnosesystemen ermöglicht, die an unterschiedliche Aufgabenstellungen anpaßbar sind. Die Darstellung von allgemeingültigen Methoden für den Entwurf geeigneter Diagnosestrukturen und den Aufbau solcher Systeme ist Kern der Arbeit.

Zunächst wurden die diagnosespezifischen Merkmale von numerischen Steuerungen erarbeitet. Wesentlich für die Diagnose ist die Anzahl und die Verbindungsstruktur zwischen den Mikrorechnermodulen der CNC. Es wurde gezeigt, wie durch geeignete Abstrahierung zwei graphentheoretische Diagnosemodelle für die Diagnose in der CNC verwendet werden können. Die Erstellung der benötigten Testprogramme erfolgt anhand einer Systematik, die auf einer funktionalen Beschreibung der CNC basiert. Sie ist sowohl für den Hardware- als auch den Softwaretest verwendbar. Verfahren zur Optimierung des Testablaufes ergänzen diesen Teil der Arbeit.

Das gewünschte Verhalten der CNC im Fehlerfall wird von der Betriebsart der CNC und vom Fehlertyp bestimmt. Eine CNC-spezifische Fehlerbewertung und mögliche Reaktionen der CNC werden diskutiert.

Die Übertragung der theoretischen Lösungen auf reale Steuerungen erfordert eine Betrachtung der Hardware und der Software. Von entscheidender Bedeutung ist hierbei die Software, da ein Großteil der CNC-Funktionen in ihr realisiert ist. Deshalb wurden Vorschläge für standardisierte Diagnoseschnittstellen in der Systemsoftware der CNC erarbeitet. Sie erlauben die Auswahl bestimmter Diagnoseobjekte, (z.B. gesamte CNC, einzelne Module) die Steuerung des Diagnoseablaufes und unterstützen die Erweiterbarkeit und Anpaßbarkeit des Überwachungs- und Diagnosesystems. - Zum Abschluß der Arbeit wird anhand wesentlicher Betriebszustände der CNC auf Ablaufstrategien zur Diagnose eingegangen und realisierte Bausteine für integrierte Überwachungs- und Diagnosesysteme vorgestellt.

Die Anwendung der erarbeiteten Methodik zum Aufbau integrierter Überwachungs- und Diagnosesysteme für numerische Steuerungen führt zu CNC, die auch vom ungeschulten Anwender gewartet werden können. Sie verkürzt darüberhinaus die Entwicklungs- und Inbetriebnahmezeiten von konfigurierbaren Steuerungen nach dem Baukastenprinzip. Sinkende Hardwarekosten lassen künftig den wirtschaftlichen Aufbau fehlertoleranter Steuerungen erwarten, wobei zunächst spezielle Anwendungsbereiche wie die Bearbeitung teurer Werkstücke oder bedienerarme Schichten zu betrachten sind. Die Überwachung und Fehlerdiagnose ist die Voraussetzung für ein fehlertolerantes Verhalten. Das Erarbeiten geeigneter Redundanzstrukturen, die den hohen Echtzeitanforderungen bei numerischen Steuerungen gerecht werden, ebenso wie das rechnerunterstützte Finden der Ursache für das Auftreten von Fehlern durch sogenannte Expertensysteme, bleibt künftigen Arbeiten vorbehalten.

Schrifttum

/1/ Weck,M. — Verbesserung der Verfügbarkeit komplexer Fertigungssysteme. Tagungsband "Automatische Produktionssyst." 14./15. Februar 1985, S 232...250, Technische Universität München.

/2/ Goldschmid,H. — System Drehmaschine mit Schwerpunkt auf Veränderung einer Grundmaschine durch Materialflußeinrichtungen. wt-Z. ind. Fertig.73(1983)Nr.3, S. 151...155.

/3/ Pritschow,G. — Automatisierte Qualitätssicherung in der Fertigung. ZwF 74(1979)Nr.5, S. 226...229.

/4/ Stute,G. Storr,A. Schwager,J — Bedienung und Überwachung in automatischen Fertigungseinrichtungen. Fertigungstechnik und Betrieb 32(1982) Nr.12, S. 732...735.

/5/ Stute,G. — System Werkzeugmaschine - Komponenten und ihre steuerungs- und materialflußtechnische Verkettung. wt-Z. ind. Fertig.73(1983)Nr.4, S.199...203.

/6/ Rossnagel,P. — Stand und Entwicklungstendenzen der NC-Technik in der Bundesrepublik Deutschland. Werkstatt und Betrieb 116(1983)Nr.8, S.9...12.

/7/ Baisch,R. CNC-Steuerungen zur Diagnose an Werkzeugmaschinen. Werkstatt und Betrieb 112(1979)Nr.1, S. 13...16.

/8/ Grendelmeier,G. Diagnosemöglichkeiten und Fehlerbehebung. Tagungsband "Informationszyklus NC-Technik. 14./15. Oktober 1981, S. 9-1...9-15, ETH Zürich.

/9/ Stute,G., Schwager,J. Mikrorechner zur Fehlerdiagnose an Fertigungseinrichtungen. wt-Z. ind. Fertig.71(1981)Nr.8, S. 477...480.

/10/ Görke,W. Fehlerdiagnose digitaler Schaltungen. Stuttgart: Teubner, 1973.

/11/ Isermann,R. Methoden zur Fehlererkennung für die Überwachung technischer Prozesse. Regelungstechn. Praxis 22 (1980) Nr.9, S. 321...325.

/12/ Kremper,D., Schick,L., Wisser,S. Struktur des Sinumerik-Systems 3. Siemens Energietechnik 3(1981)Nr.8, S. 253...256

/13/ VDI/VDE 3541 Steuerungseinrichtungen mit vereinbarter gesicherter Funktion, Einführung, Begriffe, Erklärungen. Entwurf Juli 1983.

/14/ DIN 40041, Teil 3 — Zuverlässigkeit in der Elektrotechnik. Begriffe- Teil 3: Ereignisse und Zustände. Entwurf Juni 1982.

/15/ — Begriffe und Formelzeichen im Bereich der Qualitätssicherung. Beuth-Verlag : 1979.

/16/ DIN 19237 — Steuerungstechnik - Begriffe. Vornorm Februar 1980.

/17/ Schmitz,P. Bons,H. Meyer,R. — Software- Qualitätssicherung : Testen im Software- Lebenszyklus. Braunschweig : Vieweg, 1982.

/18/ Hedtke,R. — Mikroprozessorsysteme : Zuverlässigkeit, Testverfahren, Fehlertoleranz. Berlin, Heidelb., New York : Springer 1984.

/19/ Lauber,R. — Methoden zur Sicherung prozeßrechnergeführter Systeme. VDE-Fachberichte 26(1979), S. 127...133.

/20/ VDI 2880 — Speicherprogrammierbare Steuergeräte, Programmier- und Testeinrichtungen. Januar 1985.

/21/ Dal Cin,M. — Fehlertolerante Systeme. Stuttgart : Teubner, 1979.

/22/ Zeppelin,W. Klauss,W. — Diagnostizieren direkt an CNC- Drehmaschinen erhöht Verfügbarkeit. Maschinenmarkt 78(1984), S. 230...234.

/23/ Weck,M., Kiratli,G. Mehrprozessor- Steuerungen testen. Ind.-Anz.107(1985)Nr.18, S.80...83.

/24/ Freeck,H.M. Modulare Mikroprozessor-Bahnsteuerung. ZWF 76(1981)Nr.4, S. 741...748.

/25/ Kremper,D., Seeliger,Ch. Flexible numerische Steuerungen. ZwF 78(1983)6, S. 272...275.

/26/ Schwager,J. Diagnose steuerungsexterner Fehler an Fertigungseinrichtungen. ISW 48 Berlin, Heidelberg, New York: Springer, 1983.

/27/ Joosten,J., Robben,W. Flexible CNC-Steuerung auf Mikroprozessorbasis. ZwF 78(1980)Nr.7, S. 317...320.

/28/ Gast,G.H., Krause,N. Numerische Steuerung für mehrachsige Bohr- und Fräsmaschinen. wt-Z. ind. Fertig. 69(1979)Nr.8, S. 495...499.

/29/ Storr,A., Härdtner, Möller,H. Einsatz von numerischen Standardsteuerungen in verketteten Fertigungssystemen. wt-Z. ind. Fertig.75(1985)Nr.6, S. 367...370.

/30/ DIN 66267 Teil 1 Datenaustausch mit numerischen Steuerungen - Schnittstelle und Übermittlungsprotokoll. Entwurf Juni 1983.

/31/ Katalog NC 10.
Druckschrift der Firma Siemens AG, Erlangen.

/32/ Bosch CNC Micro 5Z.
Druchschrift der Firma Robert Bosch GmbH, Erbach.

/33/ System-Handbuch für 3300 Serie CNC der Firma Philips, Eindhoven.

/34/ Allen Bradley CNC 7100.
Druckschrift der Firma Allen Bradley.

/35/ Weck, P. Steuerungssysteme
wt-Z. ind. Fertig.73(1983)Nr.6, S.383...387

/36/ Stute,G. (Hrsg.) Regelung an Werkzeugmaschinen.
München, Wien : Hanser, 1981.

/37/ Datenblatt für CNC General Electric 2000.
Druckschrift der Firma General Electric.

/38/ Hutzler,H., Möller,H., Scheifele,D., Viefhaus,R. Inbetriebnahme von Speicherprogrammierbaren Steuerungen über das Bedienfeld einer CNC.
wt-Z. ind. Fertig.73(1983)Nr.10, S. 626...628.

/39/ VDI 3422 Numerisch gesteuerte Antriebsmaschinen - Nahtstelle zwischen der numerischen Steuerung (NC) und Anpaßsteuerung.
März 1972.

/40/ Kopetz, H. Softwarezuverlässigkeit.
München, Wien : Hanser, 1976.

/41/ Stute,G., Klemm,P., Möller,H., Plasch,D., Spieth,U. Verteilte Steuerungseinrichtungen für Fertigungssysteme (MPST-Mehrprozessorsteuerungsysteme).
KfK-PDV 192, Karlsruhe: Kernforschungszentrum, 1980.

/42/ Baisch, R. Service für elektronische Steuerungen.
VDI-Berichte Nr. 421,
Düsseldorf : VDI-Verlag, 1981
S. 81...85.

/43/ Hall, P. System zur Ferndiagnose-Kommunikation.
Werkstatt und Betrieb 111(1978)
Nr. 8, S. 487...490.

/44/ Hutzler,H. Fehlerdiagnose für NC-Maschinen über Telefon.
Werkstatt und Betrieb 116(1983)
Nr. 11, S. 679...680.

/45/ Mießen,W., Schuon,J. Einheitliches Steuerungssystem für Verzahnmaschinen.
wt-Z. ind. Fertig.73(1983)Nr.10,
S. 659... 663.

/46/ Schindler,M., Multiprozessor-Architekturen: Höhere Leistung nur mit neuen Konzepten.
Elektronik (1984)Nr.8, S.39...44.

/47 Preparata,F.D., Metze,G., Chien,R. . On the connection assignment problem of diagnosable systems.
IEEE Trans. on El. Computers
EC-16 (1967), S. 848...854.

/48/ Kuhl,J., Reddy,S. — Distributed fault-tolerance for large multiprocessor systems. 7th Annual Symposium on Computer Architecture (1980), S. 23...30.

/49/ Stute,G. Storr,A., Klemm,P., Möller,H. — Test- und Diagnosesystem für modulare Mehrprozessorsteuersysteme (MPST). KfK-PfT 68, Karlsruhe: Kernforschungszentrum, 1983.

/50/ Friedman,A., Menon,P. — Fault Detection in Digital Circuits. New York: Prentice Hall Inc., 1971.

/51/ Holtz,H. — Multitaskingbetriebssystem für eine Mehrprozessorsteuerung (MPST). Essen: Girardet-Verlag, HGF-Kurzberichte Blatt 16/84.

/52/ Plasch,D. — Numerische Steuersysteme, Standardisierte Softwareschnittstellen in Mehrprozessor-Steuersystemen. ISW 46. Berlin, Heidelberg, New York: Springer 1983.

/53/ DIN 66246 Teil 2 — Mehrprozessor-Steuersystem für Arbeitsmaschinen (MPST), Regeln für den Informationsaustausch. Entwurf März 1983.

/54/ — Diagnostic Devices simplify System Level Testing. In: Tagungsband zum 11. internationalen Kongress Mikroelektronik. München 13. bis 15. November 1984. S.756...768.

/55/ Savory,S.E. Künstliche Intelligenz und Expertensysteme.
München: Oldenbourg 1985.

/56/ Ebert,J. Effiziente Graphenalgorithmen.
Wiesbaden: Akademische Verlagsgesellschaft, 1982.

/57/ Frank,H., Möller,H. Diagnosesystem für modulare Mehrprozessorsteuersysteme (MPST).
Essen: Girardet-Verlag, HGF-Kurzberichte Blatt624/1985.

/58/ Pritschow.G., Frank,H., Möller,H. Erweiterung der Diagnosefunktionen in einer numerischen Steuerung.
wt-Z.ind.Fertig 75(1985)Nr.9, S.583...586.

SW Forschung und Praxis

erichte aus dem Institut für Steuerungstechnik der Werkzeugmaschinen
ıd Fertigungseinrichtungen der Universität Stuttgart

erausgegeben bis Band 57 von Prof. Dr.-Ing. G. Stute †
› Band 58 Prof. Dr.-Ing. G. Pritschow

W 1: D. Schmid, Numerische Bahnsteuerung, 89 S., 1972

W 2: H. Schwegler, Fräsbearbeitung gekrümmter Flächen, 111 S., 1972

W 3: J. Eisinger, Numerisch gesteuerte Mehrachsenfräsmaschinen, 90 S., 1972

W 4: R. Nann, Rechnersteuerung von Fertigungseinrichtungen, 125 S., 1972

W 5: G. Augsten, Zweiachsige Nachformeinrichtungen, 140 S., 1972

W 6: B. Karl, Die Automatisierung der Fertigungsvorbereitung durch NC-Programmierung, 121 S., 1972

W 7: H. Eitel, NC-Programmiersystem, 117 S., 1973

W 8: E. Knorr, Numerische Bahnsteuerung zur Erzeugung von Raumkurven auf rotationssymmetrischen Körpern, 131 S., 1973

W 9: S. Bumiller, Viskohydraulischer Vorschubantrieb, 123 S., 1974

W 10: K. Maier, Grenzregelung an Werkzeugmaschinen, 139 S., 1974

W 11: J. Waelkens, NC-Programmierung, 159 S., 1974

W 12: E. Bauer, Rechnerdirektsteuerung von Fertigungseinrichtungen, 138 S., 1975

/S 13: H. König, Entwurf und Strukturtheorie von Steuerungen für Fertigungseinrichtungen, 206 S., 1976

W 14: H. Damsohn, Fünfachsiges NC-Fräsen, 143 S., 1976

W 15: H. Jetter, Programmierbare Steuerungen, 141 S., 1976

W 16: H. Henning, Fünfachsiges NC-Fräsen gekrümmter Flächen, 179 S., 1976

W 17: K. Boelke, Analyse und Beurteilung von Lagesteuerungen für numerisch gesteuerte Werkzeugmaschinen, 106 S., 1977

W 18: F.-R. Götz, Regelsystem mit Modellrückkopplung für variable Streckenverstärkung, 116 S., 1977

W 19: H. Tränkle, Auswirkungen der Fehler in den Positionen der Maschinenachsen beim fünfachsigen Fräsen, 103 S., 1977

W 20: P. Stof, Untersuchungen über die Reduzierung dynamischer Bahnabweichungen bei numerisch gesteuerten Werkzeugmaschinen, 118 S., 1978

W 21: R. Wilhelm, Planung und Auslegung des Materialflusses flexibler Fertigungssysteme, 158 S., 1978

W 22: N. Kappen, Entwicklung und Einsatz einer direkten digitalen Grenzregelung für eine Fräsmaschine mit CNC, 123 S., 1979

W 23: H. G. Klug, Integration automatisierter technischer Betriebsbereiche, 124 S., 1978

W 24: D. Binder, Interpolation in numerischen Bahnsteuerungen, 132 S., 1979

W 25: O. Klingler, Steuerung spanender Werkzeugmaschinen mit Hilfe von Grenzregeleinrichtungen (ACC), 124 S., 1979

ISW 26: L. Schenke, Auslegung einer technologisch-geometrischen Grenzregelung für die Fräsbearbeitung, 113 S., 1979

ISW 27: H. Wörn, Numerische Steuersysteme-Aufbau und Schnittstellen eines Mehrprozessorsteuersystems, 141 S., 1979

ISW 28: P. B. Osofisan, Verbesserung des Datenflusses beim fünfachsigen NC-Fräsen, 104 S., 1979

ISW 29: J. Berner, Verknüpfung fertigungstechnischer NC-Programmiersysteme, 101 S., 1979

ISW 30: K.-H. Böbel, Rechnerunterstütze Auslegung von Vorschubantrieben, 113 S., 197

ISW 31: W. Dreher, NC-gerechte Beschreibung von Werkstücken in fertigungstechnisch orientierten Programmiersystemen, 105 S., 1980

ISW 32: R. Schurr, Rechnerunterstützte Projektierung hydrostatischer Anlagen, 115 S., 1

ISW 33: W. Sielaff, Fünfachsiges NC-Umfangsfräsen verwundener Regelflächen. Beitrag zur Technologie und Teileprogrammierung, 97 S., 1981

ISW 34: J. Hesselbach, Digitale Lageregelung an numerisch gesteuerten Fertigungseinrichtungen, 111 S., 1981

ISW 35: P. Fischer, Rechnerunterstützte Erstellung von Schaltplänen am Beispiel der automatischen Hydraulikplanzeichnung, 111 S., 1981

ISW 36: U. Ackermann, Rechnerunterstützte Auswahl elektrischer Antriebe für spanende Werkzeugmaschinen, 118 S., 1981

ISW 37: W. Döttling, Flexible Fertigungssysteme – Steuerung und Überwachung des Fertigungsablaufs, 105 S., 1981

ISW 38: J. Firnau, Flexible Fertigungssysteme – Entwicklung und Erprobung eines zentralen Steuersystems, 112 S., 1982

ISW 39: A. Herrscher, Flexible Fertigungssysteme – Entwurf und Realisierung prozeßnaher Steuerungsfunktionen, 103 S., 1982

ISW 40: U. Spieth, Numerische Steuersysteme – Hardwareaufbau und Ablaufsteuerung eines Mehrprozessorsteuersystems, 115 S., 1982.

ISW 41: A. Schimmele, Rechnerunterstützter Entwurf von Funktionssteuerungen für Fertigungseinrichtungen, 106 S., 1982

ISW 42: M. Sanzenbacher, NC-gerechte Beschreibung von Werkstücken mit gekrümmte Flächen, 105 S., 1982.

ISW 43: W. Walter, Interaktive NC-Programmierung von Werkstücken mit gekrümmten Flächen, 112 S., 1982.

ISW 44: J. Huan, Bahnregelung zur Bahnerzeugung an numerisch gesteuerten Werkzeugmaschinen, 95 S., 1982.

ISW 45: H. Erne, Taktile Sensorführung für Handhabungseinrichtungen – Systematik un Auslegung der Steuerungen, 111 S., 1982.

ISW 46: D. Plasch, Numerische Steuersysteme – Standardisierte Softwareschnittstellen i Mehrprozessor-Steuersystemen, 112 S., 1983

ISW 47: Z. L. Wang, NC-Programmierung – Maschinennaher Einsatz von fertigungstechnisch orientierten Programmiersystemen, 103 S., 1983

ISW 48: J. Schwager, Diagnose steuerungsexterner Fehler an Fertigungseinrichtungen, 121 S., 1983

ISW 49: P. Klemm, Strukturierung von flexiblen Bediensystemen für numerische Steuerungen, 113 S., 1984

ISW 50: W. Runge, Simulation des dynamischen Verhaltens elektrohydraulischer Schaltungen – Einsatz von geräteorientierten, universellen Simulationsbausteinen, 132 S., 1984

ISW 51: H. Steinhilber, Planung und Realisierung von Werkzeugversorgungssystemen für die NC-Bearbeitung, 126 S., 1984

ISW 52: R. Ohnheiser, Integrierte Erstellung numerischer Steuerdaten für flexible Fertigungssysteme, 115 S., 1984

ISW 53: M. Keppeler, Führungsgrößenerzeugung für numerisch bahngesteuerte Industrieroboter, 125 S., 1984

ISW 54: P. Kohler, Automatisiertes Messen mit NC-Werkzeugmaschinen, 129 S., 1985

ISW 55: K.-H. Rieger, Rechnerunterstützte Projektierung der Hardware und Software von speicherprogrammierten Steuerungen, 123 S., 1985

ISW 56: G. Vogt, Digitale Regelung von Asynchronmotoren für numerisch gesteuerte Fertigungseinrichtungen, 126 S., 1985

ISW 57: S. Chmielnicki, Flexible Fertigungssysteme – Simulation der Prozesse als Hilfsmittel zur Planung und zum Test von Steuerprogrammen, 120 S., 1985

ISW 58: W. Renn, Struktur und Aufbau prozeßnaher Steuergeräte zur Verkettung in flexiblen Fertigungssystemen, 137 S., 1986

ISW 59: K. Harig, Quantisierung im Lageregelkreis numerisch gesteuerter Fertigungseinrichtungen, 113 S., 1986

ISW 60: H. Frank, Programmier- und Überwachungsfunktionen für teileartbezogene NC-Werkzeugmaschinen, 115 S., 1986

ISW 61: H. Möller, Integrierte Überwachungs- und Diagnose-Systeme für numerische Steuerungen, 131 S., 1986

Die Bände ISW 1 – ISW 45 sind vergriffen

Springer-Verlag
Berlin Heidelberg NewYork Tokyo